ENTROPÍA, ENERGÍA, UNIVERSO

LAS PALABRAS Y LAS COSAS

Jesús Luque
Profesor Emérito Honorario
de la Universidad de Granada

Eduardo Battaner
Profesor Emérito Honorario
de la Universidad de Granada
Instituto Carlos I de Física Teórica y Computacional
Universidad de Granada

ENTROPÍA, ENERGÍA, UNIVERSO
LAS PALABRAS Y LAS COSAS

GRANADA
2024

Colección Divulgación científica

© los autores
© universidad de granada
ISBN: 978-84-338-7470-2
Depósito legal: Gr./1822-2024
    Edita: Editorial Universidad de Granada
        Campus Universitario de Cartuja. Granada
    Fotocomposición: M.ª José García Sanchis. Granada
    Diseño de cubierta: Tarma. Estudio gráfico. Granada
    Imprime: Comercial impresores. Motril

    Printed in Spain   *Impreso en España*

ÍNDICE

Lucrecio

San Agustín

"Asegúrate la cosa (*rem tene*); las palabras vendrán detrás (*verba sequentur*)". Este famoso precepto del viejo Catón a los aspirantes a oradores es fácilmente reversible: "asegúrate las palabras; las cosas vendrán detrás". En efecto, si las cosas nos llevan a las palabras, también las palabras nos llevan a las cosas. He aquí una de las coordenadas que articulan estas páginas.

La segunda es la de los "lenguajes técnicos", una realidad lingüística de primera importancia: los lenguajes especializados a que dan lugar en el seno de la comunidad determinados grupos de hablantes; lenguajes tanto más definidos cuanto más definidos son dichos grupos sociales: religiosos, deportivos, profesionales, etc. Es el caso de la lengua de la ciencia, del lenguaje científico, que, como los demás lenguajes de grupo, se nutre de la lengua común y a la vez la alimenta y enriquece.

Estas dos coordenadas se perfilan aquí desde el horizonte de la actual dicotomía entre las "ciencias" y las "letras", dos ámbitos en progresivo divorcio en este apresurado mundo de la ciencia rentable y la bárbara y servil especialización prematura cada vez más ajenas, la una y la otra, al espíritu libre y liberador de las antiguas "artes liberales". Cada día se echa más en falta el ideal de la antigua *paideía*, la formación integral de ciudadanos libres, de hombres "sabios", a base de dos manojos de saberes básicos: los de la gramática (la *téchne grammatiké*, el *ars grammatica*, la "ciencia de las letras") y los de la física (la ciencia de la *natura rerum*, del "ser de las cosas"), que desvela los secretos del "universo".

He aquí, pues, el marco en que se encuadra este "librito", breve y ligero, y nuevo, como el *novus libellus* de Catulo (s. I a. C.). ¿A quién se lo ofrecemos? A todo el que, compartiendo con nosotros, más o menos, la perspectiva desde la que surgió y se planteó, aprecie en algo las bagatelas que contiene.

Pero entremos directamente al meollo de la cuestión (*in medias res*): el helenismo "entropía" fue introducido en el lenguaje de la física decimonónica para designar una magnitud de la termodinámica. Ahora bien, el término ya era usado en griego antiguo, cosa que, a un físico actual, acostumbrado a definir la entropía mediante una integral, puede parecerle fascinante.

Morfológica y fonéticamente "entropía" está emparentado con "energía", término con el que comparte el prefijo "en" ("dentro de"), al que debemos prestar atención. Hay, en efecto un "dentro" y, por tanto, un "fuera". Lo que significa que hay un sistema termodinámico y un medio externo que lo rodea; y el conjunto formado por el sistema y el medio es el universo. Lo que pasa "dentro" es asunto de la termodinámica y lo que pasa en el universo también, aunque el universo es un "dentro" sin un "fuera": ningún observador puede ver el universo desde fuera. Y así entramos, de la mano de la termodinámica y de la etimología, de lleno en la cosmología actual.

La similitud entre los términos "entropía" y "energía" no supone ninguna similitud en sus significados físicos. Ni siquiera sus unidades son las mismas. En su más descarnada expresión podemos simplificar:

–La energía del universo es constante
–La entropía del universo aumenta

En estas dos leyes, formulación exigua de los principios primero y segundo de la termodinámica, hay tres palabras clave: energía, entropía y universo. Si rastreamos el origen y evolución de estas tres palabras, hasta llegar a su interpretación actual, este análisis ¿puede tener consecuencias en la ciencia del cosmos? Y si es así, ésta, ¿arrastrará a su prima carnal, la filosofía?

¿Por qué puede ser fecundo este cruce de campos del conocimiento tan alejados? Porque somos griegos. Nuestra cultura, la llamada cultura occidental, es prolongación de la cultura griega, si bien, históricamente, la maquinaria de transmisión ha necesitado el engranaje de la cultura árabe, lo que la enriqueció sin desvirtuarla. La cultura clásica grecolatina es nuestra madre, nos ha enseñado a hablar y nos ha enseñado a escribir. Somos, seguimos siendo, griegos y romanos.

Origen de la palabra entropía

"Entropía" (del alemán *Entropie*) es un tecnicismo que, nacido en el seno de la física moderna, se ha ido luego difundiendo e implantando en otros campos del saber. Fue un acierto terminológico de un gran físico que ante una realidad nueva supo encontrar la palabra adecuada para designarla con eficacia y sencillez; así lo demostró su aceptación general: el término no tardó en ser "traducido" a otras lenguas haciéndose universal.

Pero en dicha generalización y permanencia "entropía" se ha visto sometido a avatares diversos: dentro de la propia física han hecho mella en él los cambios en la propia evolución teórica. Y, sobre todo, se han dejado sentir en la extensión del nombre a otras realidades que se han ido considerando similares en otros campos del saber. Por no hablar de su difusión en ámbitos no técnicos hasta llegar al de la lengua común.

De ahí la imprecisión en las definiciones de los diccionarios generales aun en casos, como el *DLE* de la RAE o el de María Moliner, que lo presentan, más o menos explícitamente, como tecnicismo de la física. Se lee en el *DLE*:

"Del al. *Entropie*, y este del gr. ἐντροπή *entropé* 'cambio', 'giro' y el al. *-ie* '-ía'.

1. f. Fís. Magnitud termodinámica que mide la parte de la energía no utilizable para realizar trabajo y que se expresa como el cociente entre el calor cedido por un cuerpo y su temperatura absoluta[1].
2. f. Fís. Medida del desorden de un sistema. Una masa de una sustancia con sus moléculas regularmente ordenadas, formando un cristal, tiene entropía mucho menor que la misma sustancia en forma de gas con sus moléculas libres y en pleno desorden"[2].

Y en el de María Moliner (ed. 1966-1967):

"Entropía. Magnitud igual al cociente del calor absorbido por un cuerpo por la temperatura a que lo absorbe, muy utilizada en termodinámica. Aumenta siempre en los fenómenos irreversibles; lo cual equivale a decir que el universo evoluciona en una dirección determinada y que a medida que crece la entropía disminuyen sus posibilidades"[3].

Estas entradas en ambos diccionarios no son del todo correctas; hay que tener en cuenta la dificultad de una definición limitada al espacio y al lenguaje de un diccionario general. La definición científica precisa una integral.

Ciertamente, en cuanto que término científico, sería de esperar en él una mayor fijación y uniformidad de sus

---

1. Esta entrada no es correcta. La entropía no es una energía, no es el cociente entre el calor y la temperatura absoluta y el calor no es cedido sino absorbido.

2. Este enunciado es correcto, pero, por sí solo, no da idea de lo que es la entropía.

3. Este enunciado es más elocuente para entender qué es la entropía, pero también dice (incorrectamente) que entropía es calor partido por la temperatura. Se dice calor absorbido, lo que está bien, pero no se indica que la temperatura debe ser absoluta.

significados, pero parece que su peculiar desarrollo desde su origen hasta nuestros días ha propiciado la multiplicación de valores o matices habitual en cualquier tipo de léxico.

Nació el término en 1865. Fue creación expresa del físico y matemático alemán Rudolf Julius Emmanuel Clausius (1822-1888). Buscaba Clausius designar el *Verwandlungsinhalt* ("contenido de transformación") de un cuerpo mediante un vocablo de ascendencia griega, simple y fácil de exportar a cualquier lengua moderna. Propuso así *"Entropie"*, sobre el modelo del término *"Energie"* y en estricta correspondencia con él. La designó con la letra *S.*

> "Si se busca un nombre descriptivo para S, al igual que se dice de la magnitud U que es el contenido de calor y trabajo del cuerpo, se podría decir de la magnitud S que es el [*Verwandlungsinhalt*] *contenido de transformación del cuerpo*. Dado que considero mejor, sin embargo, tomar los nombres de tales magnitudes, que son importantes para la ciencia, de las lenguas antiguas, para que puedan utilizarse sin cambios en todas las lenguas nuevas, propongo para la cantidad S la palabra griega ἡ τροπή, *la transformación, la entropía* del cuerpo. He hecho deliberadamente que la palabra entropía sea lo más parecida posible a la palabra energía, porque las dos magnitudes que deben designarse con estas palabras están tan estrechamente relacionadas en sus significados físicos que me parece conveniente una cierta similitud en la denominación"[4].

---

4. "Sucht man für S einen bezeichnenden Namen, so künnte man, ähnlich wie von der Grösse U gesagt ist, sie sey der *Wärme*- und *Werkinhalt* des Körpers von der Grösse S sagen, sie sey der *Verwandlungsinhalt* des Körpers. Da ich es aber für besser halte, die Namen derartiger für die Wissenschaft wichtiger Grössen aus den

Concluye luego el artículo de esta manera:

"Por el momento me limitaré a afirmar como resultado que, si la misma magnitud que he llamado entropía en relación con un solo cuerpo se concibe de manera coherente, teniendo en cuenta todas las circunstancias, para todo el universo, y si al mismo tiempo se aplica el otro concepto de energía, más simple en su significado, las leyes fundamentales del universo correspondientes a los dos teoremas principales de la teoría mecánica del calor pueden expresarse de la siguiente forma sencilla:

1) La energía del mundo es constante.

2) La entropía del mundo tiende hacia un máximo"[5]

---

alten Sprachen zu entnehmen, damit sie unverändert in allen neuen Sprachen angewandt werden können, so schlage ich vor, die Grösse S nach dem griechischen Worte ἡ τροπή, die Verwandlung, die Entropie des Körpers zu nennen. Das Wort *Entropie* habe ich absichtlich dem Worte *Energie* möglichst ähnlich gebildet, denn die beiden Grössen, welche durch diese Worte benannt werden sollen, sind ihren physikalischen Bedeutungen nach einander so nahe verwandt, dass eine gewisse Gleichartigkeit in der Benennung mir zweckmâssig zu seyn scheint»,: Clausius 1865, p. 390.

5. Vorläufig will ich mich darauf beschränken, als ein Resultat anzuführen, dass, wenn man sich dieselbe Grösse, welche ich in Bezug auf einen einzelnen Korper seine Entropie genannt habe, in consequenter Weise unter Berucksichtigung aller Umstande für das ganze Weltall gebildet denkt, und wenn man daneben zugleich den anderen seiner Bedeutung nach einfacheren Begriff der *Energie* anwendet, man die den beiden Hauptsätzen der mechanischen Wärmetheorie entsprechenden Grundgesetze des Weltalls in folgender einfacher Form aussprechen kann.

1) *Die Energie der Welt ist constant.*

2) *Die Entropie der Welt strebt einem Maximum zu.*

Concibió Clausius, como acabamos de ver, el nuevo término a partir del griego antiguo ἡ τροπή, sustantivo femenino que encierra la idea de "vuelta"[6]:

> I giro, conversión: 1 del sol (de estación); 2 cambio de dirección, de una constelación; II Acción de volverse para huir; huida, "derrota" (de donde "victoria"); III revolución, cambio; IV (retórica) "tropo".

Palabra frecuente en compuestos[7], τροπή guarda íntima relación con otras, como τρόπος -ου (Latín *tropus*: "dirección, actitud, manera, modo" [música: "modo, melodía, tono"[8]; retórica: "manera de expresarse, estilo", "tropo"[9]]) o como los adjetivos τροπικός, -ή, -όν ("relativo al cambio", en particular de una estación del año a otra; Latín *tropicus*, Español "trópico"[10]) o τρόπαιος / τροπαῖος,

---

6. Cf. los diccionarios al uso: *LSJ*, Bailly, Pabón, *DGE*. Cf. asimismo, para las etimologías propuestas en muchos casos por los antiguos, Maltby 1991.

7. Como, por ejemplo, ἀποτροπή [f.] "evitación", de donde ἀποτρόπαιος, -ιμος, -ία, -ιάζω, -ίασμα, -ιασμός, -ιαστής.

8. *DLE*:"1. m. Texto breve con música que, durante la Edad Media, se añadía al oficio litúrgico y que poco a poco empezó a ser recitado alternativamente por el cantor y el pueblo, y constituyó el origen del drama litúrgico".

9. "Giro" poético. *DLE*: "2. empleo de una palabra en sentido distinto del que propiamente le corresponde, pero que tiene con este alguna conexión, correspondencia o semejanza. La metáfora, la metonimia y la sinécdoque son tipos de tropos". De ahí **tropare* (*contropare, contropatio, contropabilis*), de donde el provenzal *trobar* y a partir de él el español "trobar" ("trovar", "trovador") y el portugués *trovar*. Se trata, sin embargo, de una cuestión más que debatida entre los romanistas: cf., por ejemplo, Meyer-Lübke 8936a o Corominas-Pascual, *s.v.* "trovar".

10. Cf. Meyer-Lübke 8937a.

-α, -ov ("que hace dar la vuelta, que hace huir, que aleja los males, desviado, descartado"), de donde el neutro τρόπαιον / τροπαῖον, -ου (Lat. *Tropaeum*[11], Esp. "trofeo"). A los que cabe añadir compuestos como πολύ-τροπος "multicambiante" o ἐπίτροπος [m.] "supervisor, mayordomo, administrador" o ἡλιότροπος "heliotropo", "tornasol", "girasol".

En astrofísica se habla de ecuación "politrópica" para estudiar de forma unitaria la constitución interna de varios tipos de estrellas llamadas "polítropos", que se diferencian por el valor de un índice "politrópico". En botánica se habla de "geotropismo", que etimológicamente equivale a tendencia de una planta a "evolucionar condicionada por la tierra", lo que justifica que técnicamente se defina como tendencia de la planta a crecer hacia arriba, en sentido contrario al de la gravedad. Igualmente, fototropismo indica el crecimiento de la planta buscando la luz. La región inferior de la atmósfera se denomina "troposfera" (sujeta a "cambios" meteorológicos), que termina en la "tropopausa".

Se trata, como es fácil ver, de formaciones a partir del grado o[12] de la raíz indoeuropea *trep-*[13] / *trop-* / *tr-* ("girar"), atestiguada también en antiguo indio[14] y en

---

11. Monumento de victoria levantado con las armas tomadas al enemigo en el lugar en que había "dado la vuelta", es decir, comenzado la derrota.

12. Presente también en formas como τροπός [m.] "tornero", "correas mediante las cuales el timón gira alrededor del κληΐς mientras se rema" o τροπ-όομαι "estar provisto de un τροπός" (Cf. Meyer-Lübke 8936).

13. Cf. *LIV*, *s.v.*

14. Con el griego τρέπεται coincide formal y semánticamente el antiguo indio *trapate* "avergonzarse.

latín[15], que en griego parece haber sido particularmente fecunda, dando lugar a un sistema léxico bastante cohesio-
nado desde fecha temprana[16]. En efecto, sobre dicha raíz
en grado *e* se forma el verbo τρέπω "girar, poner en fuga;
girarse, cambiar, emprender el vuelo, etc.[17]", presente en
numerosos compuestos a base de prefijos que aportan diversos matices semánticos: ἀνα-, ἀπο-, ἐκ-, ἐν-, ἐπι-, μετα-,
περι-, etc. De ahí también derivados del tipo de ἀπό-τρεψις
"aversión", ἔκ-τρεψις "distorsión", ἀνά-τρεψις "turno",
τρεπτικός "que da lugar a un giro'" o προτρεπ-τικός "de-
safiante".

La misma raíz en grado cero (-*a*-) podemos verla en
τραπ-έμπαλιν [adv.], "vuelto hacia atrás", o en -τραπελος,
integrado en compuestos como εὐτράπελος (εὖ τραπέσθαι)
"de fácil giro, móvil, hábil, ingenioso": de donde εὐτραπελία[18], -ίζομαι, -εύομαι; otro tanto con δυσ-, ἐκ-, ἐν-, etc.;

---

15. Y puede que en hitita ("te-ri-ip-zi", referido a labores del
campo, como 'arar') y en micénico ("ro-qe-jo-me-no").
16. Cf., por ejemplo, Beekes 2010, de donde tomamos buena parte
de los datos que siguen.
17. Cf. Meyer-Lübke 8959.
18. En español "eutrapelia": según *DLE*, "1. Virtud que modera
el exceso de las diversiones o entretenimientos. 2. Donaire o jocosidad
urbana e inofensiva. 3. Discurso, juego u ocupación inocente, que se
toma por vía de recreación honesta con templanza".
De ahí vendría "tropelía", según Corominas-Pascual: "de *eutrape-
lía*, alteración del griego εὐτραπελία 'agilidad, flexibilidad', que en castellano tomó el sentido de 'juegos de manos, magia, ilusionismo, embe-
leco", y después, bajo influjo de *tropel* y *atropellar*, ha acabado por significar 'aceleración confusa' y 'atropello'". Según, en cambio, el *DLE*,
"tropelía" procede "de "tropel": "1. f. Atropello o acto violento, cometi-
do generalmente por quien abusa de su poder.2. f. Aceleración confusa,
desordenada e incluso violenta.3. f. desus. Arte mágica que muda las
apariencias de las cosas. 4. f. desus. Ilusión, falsa apariencia"."Tropel",

τραπελιζόμενος (συνεχῶς ἀναστρεφόμενος "continuamen-
te revuelto, alterado".). La vemos asimismo alargada en
τρωπάω, -άομαι [v.] "girar, cambiar", verbo iterativo, con
frecuencia también prefijado: ἀπο-, παρα-, ἐπι-, μετα-.

El mismo grado *o* de τροπή y de τρόπος se registra
en otras formaciones como el -τρόπιον [n.] que vemos en
compuestos como ἐκτρόπιον (enfermedad ocular: "párpa-
do evertido") o, además del mencionado ἡλιοτρόπιον "heliotropo", formas como "Átropos" ("inalterable", "inexo-
rable": nombre de la mayor de las tres Parcas o Moiras,
que cortaba el hilo de la vida del hombre) o, derivada de
ella, "atropina" (alcaloide tóxico a partir de la bellado-
na). Pertenecen también otras como τροπίας οἶνος (también ἐν-, ἐκ-), "vino alterado, agrio", o como τρόπις, -ιος
(-ιδος, -εως) [f.], "quilla de un barco", y otras por el estilo.

---

al igual que *"tropa"* son definidos en dicho *DLE* como: "1. m. Muchedumbre que se mueve en desorden ruidoso. 2. m. Aceleramiento confuso
o desordenado.3. m. Conjunto de cosas mal ordenadas o colocadas sin
concierto". Son todos ellos, como se ve, significados compatibles con
nuestra raíz *trep- / trop- / tr-*.

Corominas-Pascual, sin embargo, los consideran "tomados del fr.
troupe 'bandada de animales o de gente', 'tropa', que parece ser derivado regresivo de *troupeau*, fr. ant. *tropel* 'rebaño' (de donde se tomó
nuestro *tropel*, que a su vez influyó en la *o* de *tropa*; el fr. ant. *tropel*
es un diminutivo de *trop*, primitivamente 'rebaño' (luego empleado adverbialmente en el sentido de 'mucho' y 'demasiado`), a su vez
de origen incierto, probablemente de un fránc. *THROP 'asamblea'...
alemán *Dorf...* que en algunos dialectos alemanes y escandinavos toma
el sentido de 'reunión de la gente de un pueblo' y 'multitud' 1ª doc 1605
Cervantes, Góngora".

A este grupo pertenecen "tropelero, atropello, atropellar (frecuente
desde el XVI), tropellar, entropellar".

Especial interés para nuestro propósito tiene el femenino -τροπή / -τροπία, habitual como segundo integrante de compuestos: μετατροπίαι [pl.] "vicisitudes del hado"; παλιντροπίαι [pl.] "cambios de opinión", y dentro de ellos particularmente los formados a base del prefijo ἐν-. He aquí, a título de ejemplo, con sus correspondientes traducciones algunos de los recogidos en el *DGE*:

ἐντροπή, -ῆς, ἡ: 1 "cambio de opinión", "conversión" (cristiano); 2 "respeto, consideración"[19] (hacia/con alguien); 3 "pudor, vergüenza, modestia"[20]; 4 "humillación"[21]

ἐντροπαλίζομαι: "volverse de vez en cuando, darse la vuelta para mirar"

ἐντροπαλισμός, -οῦ, ὁ: "acción de darse la vuelta"

ἐντροπηματικός, -ή, -όν: "respetable" (persona)[22] ≈ δεινός

ἐντροπιάζω: "avergonzar"

ἐντροπίας, -ου: "que se altera fácilmente" (esp. Del vino), "que se estropea enseguida"; ὁ ἐντροπίας (*sc.* Οἶνος) "vino de mala calidad, vino ácido o picado"

ἐντροπίη, -ης, ἡ: 1 "vergüenza"; 2 plural ἐντροπίαι "arterías, artimañas"[23]

---

19. En el sentido de "volverse a alguien", "tenerlo en cuenta".

20. En el sentido de "volverse uno sobre sí mismo" "ensimismarse".

21. Sentidos todos metafóricos, como advierten expresamente los diccionarios *LSJ* o Bailly, *s.v.* Atestiguados (ἐντροπή, ἐντροπία / jónico ἐντροπίη) en los *Himnos homéricos* (IV *h. Merc.*–época dudosa– 245), Sófocles (*Oed. Col.* 299), Diodoro Sículo (*passim*), Filón (*Quaest. Gen.* III 58), textos bíblicos (*LXX, Ps* 34(35).26; 1*Cor* 15,34), etc. y en contraposición a los correspondientes compuestos a base de ἐκ- "de dentro a fuera": ἐκτροπή, ἐκτροπία ("desviación"; ἐ. ὁδοῦ "desv. del camino, albergue"; ἐ. λόγου "desv. de la exposición, digresión"), ἐκτρέπω ("desviar-se-").

22. "Digna de ser atendida", "de ser tenida en cuenta".

23. Es decir, "rodeos", "enredos".

ἐντροπικός, -ή, -όν:1 "respetuoso". 2 adv. -ῶς "respetuosamente"

ἔντροπος, -ον: 1 "que gira sobre sí mismo"; 2 subst. Τὸ ἔντροπον "banda, cinta para el cabello"

ἐντροπόω: "amarrar, sujetar"[24].

En todos ellos, como se ve, la idea de "giro", "vuelta" (√ *trep-* / *trop-* / *tr-*) se concreta con la de "dentro", "de fuera a dentro" ("interior", "inmanencia", "penetración", "introducción"), que aporta el prefijo ἐν-. Es decir, el concepto de "proceso interior", de "transformación interna", ni más ni menos el "contenido de transformación" (*Verwandlungsinhalt*) de Clausius.

En latín, según hemos dicho, estas formaciones brillan, si no por su ausencia, sí por su escasez extrema. El *trepit* (*vertit* "gira") de Paulo Festo, p. 367, puede ser una reconstrucción propia de gramáticos; se lo puede relacionar con el griego τρέπει y hacer remontar, por tanto, a la raíz indoeuropea *trep-*. No parece[25], en cambio, ser éste el caso del latín *trepidus*, "tembloroso, ansioso" ("intrépido"), *trepidare*, "temblar".

Se ha pensado[26] también en *turpis*[27], "feo, desagradable" (de lo que hay que apartarse, ante lo que hay que volverse), de donde *deturpare* ("desfigurar", "marchitar") y sus formas vulgares *disturpare* (castellano antiguo "destorpar, estorpar") y *disturpiare*, que subyacen al italiano *storpiare* y a su variante popular *stropiare*

---

24. A base de envolver.
25. De Vaan.
26. Walde-Hofmann, Pokorny; no, en cambio, De Vaan.
27. Meyer-Lübke 9006.

("lisiar, alterar, deformar"), posible modelo del español "estropear"[28].

No serían tampoco[29] relacionables con esta familia formas como *turba*, "commoción, agitación, turba"[30], o *torqueo*, "torcer, retorcer",[31] o *tremo*, "temblar, vibrar".

Aparte de tecnicismos como *tropus* o *tropicus* (de donde el español "tropo", "trópico", respectivamente) no hemos encontrado en latín huellas de esta familia léxica ni siquiera en las traducciones de textos griegos en los que figuraban los términos en cuestión. Así ocurre, por ejemplo, en este pasaje del *Nuevo Testamento* en el que se emplea la palabra ἐντροπή:

1 *Cor* 15,34 ἐκνήψατε δικαίως καὶ μὴ ἁμαρτάνετε, ἀγνωσίαν γὰρ θεοῦ τινες ἔχουσιν *πρὸς ἐντροπὴν ὑμῖν λαλῶ*. (35) Ἀλλὰ ἐρεῖ τις, Πῶς ἐγείρονται οἱ νεκροί; ποίῳ δὲ.

San Jerónimo la tradujo por *reverentia*:

[34] *Evigilate iusti, et nolite peccare: ignorantiam enim Dei quidam ... habent*, ad reverentiam *vobis loquor* [35] *Sed dicet aliquis: Quomodo resurgunt mortui? Qualive corpore venient?*[32]

---

28. Corominas-Pascual, *s.v.*

29. De Vaan.

30. Y otras formas de la familia: *turbulentus*, *turbo* "torbellino", *turbidus* "turbio", *turbare* (*perturbare*, *conturbare*, *disturbare*, etc.). Cf. Meyer-Lübke 8991 ss.

31. De donde *torquēs* (cf. Meyer-Lübke 8799) "collar", *torculum* "prensa", *tormentum* "tortura", etc.

32. Tanto el griego πρὸς ἐντροπήν como la traducción latina *ad reverentiam* usados con el sentido negativo de "arrepentida / temerosa introspección", "vergüenza". Cf. Blaise: "*Reverentia*: 1. Honte, confusion (ps.34,26 *induantur confusione et reverentia*; *Eccl.* 41,20; *I Cor*

Dando a entender que no le reconoce el menor sentido técnico, lo que le habría llevado a transliterar el término (*entropé*) o incluso a mantenerlo tal cual (ἐντροπή).

Tampoco hemos encontrado *tropé, entropé* o *entropía* en otro tipo de textos latinos[33], en los que, como es de sobra sabido, tanto abundan los helenismos léxicos de todo tipo, directos o más o menos latinizados de una u otra manera, no sólo cuando se trata de lenguajes técnicos (gramática, retórica, música, etc., etc.) sino también en el habla común, en la que muchos de dichos tecnicismos llegaron a adquirir carta de naturaleza.

¿Conocía Clausius las antiguas formas griegas ἐντροπή / ἐντροπία? No lo sabemos. El hecho es que en el escrito donde propuso acuñar el neologismo no las menciona. Él partió del genérico ἡ τροπή y propuso *Entropie* a imagen y semejanza de *Energie*, término que designaba otro con-

15,34 *ad reverentiam vobis loquor*, 'à votre honte' – 2. égards, réserve, modération... – 3. déférence, respect, veneration".

Así parecen entenderlo también los traductores modernos: "Despertad, como es razón, de esa modorra y dejad de pecar; pues ignorancia de Dios es lo que algunos tienen. *Para confusión vuestra lo digo.* [35] Mas dirá alguno: ¿Cómo resucitan los muertos? ¿Y con qué linaje de cuerpo se presentan?": Bover-O'Callaghan, Madrid, *BAC*, 1988.

"Entrad en razón, como es justo, y dejad de pecar, pues algunos tienen desconocimiento de Dios. *Para sonrojo [vuestro] os hablo.* [35] Pero dirá alguno: '¿Cómo resucitan los muertos? ¿Con qué clase de cuerpo vuelven?'": Cantera-Iglesias, Madrid, BAC, 1975.

La traducción por "confusión" estaría en consonancia con la interpretación actual de la entropía como medida del desorden.

33. No aparece en bases de datos como la de *PHI*. En *Brepolis* no se documenta probablemente hasta el siglo VIII (ms. del IX) *Opera scholastica peregrinorum aetatis* patristica, *de declinationibus* Grecorum L&S C753, p. 162: 200 *Entrope~G reverentia* (como un extranjerismo, con su traducción latina).

cepto básico de la física al que, además, vinculaba Clausius íntimamente el nuevo fenómeno de la *Entropie*.

Su significado etimológico era evidente: unía la idea de "interioridad" / "interiorización" (prefijo *en-*) con la de "giro" / "vuelta" / "cambio" / "proceso" (raíz *trep* / *trop*).

ORIGEN DE LA PALABRA ENERGÍA

"Energía" era un término (y un concepto) profundamente arraigado en griego antiguo (ἐνέργεια / ἐνεργία) no sólo como posible tecnicismo (frente, por ejemplo, a δύναμις / *dynamis*, del que nos ocuparemos luego) sino de uso general en la lengua común.

Su estructura léxico-semántica era trasparente. Compuesto a base del prefijo ἐν- + ἔργον ("obra", "trabajo") + sufijo ια, cubría los siguientes campos (*DGE*):

A. Usos generales

I

1. *actividad, acción*
2. *energía, animación, vivacidad*
3 c. gen. Obj. *Práctica, realización, puesta en práctica*

II Con idea de intensidad

1. *actuación o acción enérgica, energía, eficacia*
2. *energía, vigor, fuerza física*

B. Usos especiales y técnicos

I Filosofía (especialmente Aristóteles)

1. *acto, actualidad, actualización*, frecuentemente opuesto a δύναμις, *potencia*[34]

---

34. Opuesto también a φαντασία (apariencia) y a κίνησις (movimiento, aunque en ocasiones κίνησις se entiende como un tipo de ἐνέργεια) y a ὕλη (materia) y ἐντελέχεια (finalidad).

2. *actividad, movimiento*
3. *operación, acto*
   II Fisiología y medicina
actividad, función de los sentidos, de los órganos y
partes del cuerpo
   III Retórica
1. *actividad, animación* de la que se dota a seres in-
   animados por medio de la metáfora
2. *presentación vívida, exposición llena de energía,
   énfasis*
   IV Lingüística
1. Actividad, voz activa
2. ἐνεργείᾳ (dativo) *en acto, explícitamente* /
δυνάμει *en potencia, implícitamente*'
3. *fuerza, significado* de un nombre
   V Óptica
energía, capacidad de reflejar o dejar pasar la luz
   VI Mecánica
1. *impulso, fuerza, potencia*
2. *funcionamiento* de una máquina
   VII Con carácter sobrenatural
1. *poder, energía*
a) mágico o próximo a la magia: de la música sobre las
personas
b) de plantas, fármacos y objetos mágicos
c) de la divinidad y de seres sobrenaturales
d) cósmico
2. *operación* o *práctica* mágica
3. astrología: *influjo, efecto* de la posición de los
   astros
   VIII Cristiano
1. *función, poder* asignados por el Espíritu Santo a
   los apóstoles y sus sucesores, como la de absolver
   los pecados
2. *función, cargo* eclesiástico.

Estos sentidos con que se empleaba ἐνέργεια / ἐνεργία eran los que, *mutatis mutandis*, se aprecian en otras formaciones griegas relacionadas de un modo u otro con ella: ἐνέργειος, -ον; ἐνεργέω; ἐνέργημα, -ματος, τό; ἐνεργής, -ές; ἐνεργητικός, -ή, -όν; ἐνεργός, -όν (adv. -ῶς); ἐνεργούμενος. Y otro tanto ocurre con las diversas adaptaciones de toda esta familia léxica al latín, donde se usó desde antiguo con sus valores generales o específicos: *energia, -ae*; *energēma, -atis* n. (*energēma, -ae* f.); *energūmen, -inis*; *energūmenus, -a, -um*[35].

Del latín pasó a las lenguas romances:

> *DLE*: "Energía: 1. F. Eficacia, poder, virtud para obrar.
> 2. F. Fís. Capacidad que tiene un sistema para realizar un trabajo, y que se mide en julios. (Símb. E)"

y por uno u otro camino se acomodó en otras lenguas modernas como el inglés (*energy*)[36] o el alemán (*Energie*).

He aquí, por tanto, la referencia, conceptual y formal, que tomó Clausius para su *Entropie*.

Ciertamente ἐνέργεια en griego antiguo desplegaba, como se acaba de sugerir, un abanico de valores y matices semánticos similar en amplitud y variedad al que se ha tratado de hacer ver en el antiguo ἐντροπή ~ ἐντροπία. Algo, por lo demás, normal en el léxico de cualquier época, antiguo o actual: cualquier palabra –los tecnicismos menos– es susceptible de múltiples sentidos y acepciones: ἐντροπή ~ ἐντροπία "giro hacia dentro (de uno mismo)" fue tam-

---

35. Cf. *TLL, s.v.*
36. Para una detallada exposición histórica de sus usos, generales o específicos, cf. *OED, s.v.*

bién "cambio de actitud" y "reflexión" y "pudor" y "ver-güenza"; y también "huida" y "artimañas", etc., etc.

Pero no fue la rica polisemia de estas palabras la que llevó a Clausius al término *Entropie*; es más, como hemos dicho, no sabemos si las conocía ni si las tuvo en cuenta. Lo acuñó simplemente a base de la idea de "giro" / "vuelta" / "cambio" / "proceso", encarnada en τροπή (o, tal vez, en la raíz *trep* / *trop*), unida a la de "interioridad"/ "interiorización", que aportaba el prefijo ἐν-. Una combinación que le venía sugerida por *Energie*, término más que habitual, recomendado por su entidad fónico-prosódica y puede que por su estructura morfológica y semántica: ἔργον ("obra", "trabajo") + ἐν.

La acuñación del tecnicismo fue, pues, un absoluto acierto de Clausius, como demuestra la acogida sin reservas que le dispensó la comunidad científica, no ya la alemana, sino la inglesa ("entropy"), la francesa ("entropie"), la italiana ("entropia"), la española ("entropía"), etc.

Usado el término en un principio por referencia a Clausius, no tardó en ser empleado sin más, como consagrado y familiar; tenía, además, el apoyo de *Energie* (*energy, energie, energía*) por referencia al cual había sido creado.

EL CONCEPTO DE ENERGÍA A LO LARGO DE LA HISTORIA

En inglés la palabra "energy" ("energía") se encuentra[37] entre las quinientas más usadas en el lenguaje popular. En español quizás suceda otro tanto. En el lenguaje de la ciencia esta frecuencia debe de ser mucho mayor, pues

37. Según el *OED*.

la energía está presente en todos los procesos físicos, químicos, biológicos, geológicos, etc.

Para apreciar esa versatilidad en el lenguaje común recurrimos nuevamente a nuestros diccionarios más populares, el de la RAE y el de María Moliner.

Dice el *DLE*:

> "1 eficacia, poder, virtud para obrar. 2. Fuerza de voluntad, vigor y tesón en la actividad. 3. En física, causa capaz de transformarse en trabajo".

Y añade algunos tipos de energía en la física: cinética, atómica, nuclear, de ionización, potencial, radiante. No alude a la conservación de la energía, razón esencial que justifica la frecuencia del término en todos los procesos científicos.

El diccionario de María Moliner ofrece diferentes entradas:

> "1. Capacidad mayor o menor de alguien o algo para realizar un trabajo o esfuerzo o producir un efecto: la energía de un medicamento, de un salto de agua, de los músculos. 2. En física, aptitud de la materia para producir fenómenos físicos o químicos. Se manifiesta en dos formas fundamentales independientes de cuál sea el fenómeno físico que intervenga en su producción: 'energía potencial' y 'energía cinética'.
> 3. (Tener, dar muestras de, hacer uso de) Cualidad de enérgico: capacidad mayor o menor de alguien para llevar adelante sus propósitos venciendo los obstáculos".

No hace alusión a su conservación, lo que impide apreciar su significado en la física. Tampoco este diccionario define bien la energía como magnitud física (a pesar de que el marido de la autora era físico teórico de profesión). Además, incluye definiciones aplicadas a diversos fenómenos físicos: Energía atómica, calorífica, cinética, eléctrica, electromagnética, eólica, hidráulica, mecánica, nuclear, potencial, química, radiante, solar y térmica.

En la física anterior al XIX el uso de "energía" era vacilante y algo confuso, no separado estrictamente del de otros términos afines, tales como potencia, fuerza, capacidad, etc., y conviviendo con usos místicos, religiosos o simbólicos. Se puede oír hablar de la "energía de Dios", "energía positiva de la mente", "energía psíquica", etc.

Los primeros pasos en el establecimiento de la magnitud física "energía" se dieron en el campo de la mecánica: la energía potencial de un cuerpo, por estar a cierta altura, y la energía cinética. Se definió la *vis viva,* "violencia / fuerza viva", precisamente como el doble de la "energía cinética" de la mecánica clásica. Fue Gottfried Leibniz (1646-1716) el autor de esta definición.

El Primer Principio de la termodinámica y la energía

Como vemos, la palabra *energía* es antigua y adoptada en el castellano actual con diferentes acepciones tanto técnicas como no técnicas.

La magnitud energía aparece en todas las ramas de la física, pero nos vamos a limitar a la termodinámica, que es donde se pone más de manifiesto su relación con la entropía.

En ambas palabras, *entropía* y *energía,* aparece el prefijo *en*, "dentro de", dando a entender que hay un "dentro", en contraposición a un "fuera". Lo que está dentro es nuestro sistema termodinámico, que se halla rodeado por un medio; la suma del sistema termodinámico y el medio es el universo.

Un sistema termodinámico está, por definición, constituido por muchas partículas, ya sean partículas clásicas (no sujetas a efectos cuánticos), ya sean partículas cuánticas como electrones, fotones, etc. Téngase en cuenta que, por ejemplo, en un gramo de hidrógeno atómico, H, hay del orden de 10^{23} (un uno seguido de 23 ceros) átomos. Podemos hablar de magnitudes del sistema que no tienen sentido para una sola partícula. Por ejemplo, podemos hablar de la temperatura en un recinto, pero no de la temperatura de una molécula o un átomo. El caso de la energía es diferente, pues podemos hablar tanto de la energía del sistema termodinámico como de la energía de cada una de las partículas que lo componen. En contraposición, veremos que no tiene sentido hablar de la entropía de un átomo o de una sola molécula.

El concepto de energía es muy popular, como lo es su propiedad de conservación. Puede adquirir diversas formas, puede transformarse de unas a otras, pero se conserva. Sin embargo, la conservación de la energía no se pudo reconocer hasta que se demostró que el "calor" es una forma de energía. El calor, representado con la letra Q, es una energía en tránsito sólo apreciable microscópicamente, a la escala de los átomos. No vemos el calor. Lo que vemos son cuerpos grandes, macroscópicos (a nuestra escala), externos al sistema termodinámico, que se pueden desplazar impulsados por él. Al desplazamiento de cuerpos macroscópicos grandes movidos por nuestro sistema lo llamamos "trabajo" y lo representamos con W.

Si a un sistema le damos un calor Q y él realiza un trabajo W, el sistema habrá ganado (o perdido) una energía, que se denomina variación de *energía interna* y se escribe ΔU, donde Δ significa "variación"[38].

---

38. En física se habla de energía potencial (y lo hacemos más abajo), pero esta "energía interna" es otra cosa: es la energía dentro del sistema. ΔU es el incremento de la energía interna.

Esta es la energía que "se merece" el interesante prefijo *en-* de *"en-ergía"*. Esta sencilla cuenta constituye el primer principio de la termodinámica: la energía se conserva, $Q - W = \Delta U$. Obsérvese que tanto el calor como el trabajo pueden ser positivos o negativos.

Una piedra en mi mano tiene *energía potencial*. La suelto y cae: su energía potencial se convierte en *energía cinética* que desaparece al llegar al suelo dando *calor* a la Tierra. No vemos ese calor, pero sabemos de su existencia.

La energía, es, como queda dicho, una magnitud presente en todas las ramas de la física. La energía se conserva en todas ellas[39].

ORIGEN DE LA PALABRA "DINÁMICA"

Quizás sea este el momento de hacer sobre el término *dynamis* las consideraciones que quedaron pendientes: δύναμις, -εως en griego antiguo era un nombre de acción en -ις, femenino, formado sobre el verbo δύναμαι ("ser capaz", "equivaler", "significar")[40]. Como tal helenismo lo usaron los romanos (*dynamis, -is*, a veces incluso en caracteres griegos, sin ni siquiera transliterarlo) con un significado próximo al de *copia* ("abundancia", "riqueza", "recur-

---

39. Sobre la conservación de la energía hay que introducir un par de advertencias. La primera es que la relatividad nos mostró que masa y energía no son sino una misma magnitud, medidas con unidades distintas por motivos históricos. Así que ahora deberíamos hablar de la conservación de la masa-energía. La segunda advertencia es que la energía se conserva sólo si las leyes son simétricas en el tiempo, es decir, si da lo mismo hacer un experimento hoy que mañana. Pero la expansión del universo rompe esta simetría temporal.

40. Analizable como δύ-ν-α-μαι: cf. Beekes, *s.v.*

sos"), *multitudo* ("multitud") o, en otro sentido, al de *vis* ("fuerza", "vigor") y *potestas* ("capacidad")[41].

El español "dinámico, -a", un adjetivo en el que pervive el derivado griego δυναμικός, se usa[42] con el sentido de "1. Perteneciente o relativo a la fuerza cuando produce movimiento. 2. Perteneciente o relativo a la dinámica. 3. Dicho de una persona: Notable por su energía y actividad".

El femenino sustantivado "dinámica" (gr. Δυναμική, *dynamikē*) lo define la RAE en estos términos: "4. Rama de la mecánica que trata de las leyes del movimiento en relación con las fuerzas que lo producen. 5. Sistema de fuerzas dirigidas a un fin. 6. Nivel de intensidad de una actividad". Es el segundo término[43] del compuesto "termodinámica".

El contenido semántico del griego δύναμις era, en líneas generales, el siguiente[44]:

> A. general, referido a personas o divinidades

I

1 *fuerza física, vigor para la lucha guerrera o la competición*

2 *poder*: general, político

3 *poderío, potencia* militar

---

41. Cf. Liddell-Scott y *TLL, s.v.*

42. *DLE.*

43. El primer componente, *termo-* (θερμο- *thermo-*) significa (*DLE*) "calor" (*termodinámica*) o "temperatura" (*termómetro*). Se trata del griego θερμός ("caliente"), presente, por ejemplo, en helenismos latinos como *thermae* ("termas": baños de agua caliente) o *thermopolium* (lugar de bebidas calientes) o *Thermopylae* (el desfiladero de las Termópilas, célebre por sus aguas termales y sulfurosas).

44. Según el *DGE.*

4 *poder*, *poderío* económico

5 *poder* sobrenatural: de los dioses, de los magos, de la palabra

II como facultad o posibilidad

1 *poder*, *posibilidad*

2 *capacidad*, *propiedad*, *facultad de las personas o las cosas*

3 *habilidad*

III con el sentido de valor y equivalencia

1 referido a conceptos y palabras: *valor*, *significado*, *sentido*

2 jurídico: *fuerza legal*, *validez*

3 económico: *valor del dinero*

B militar: *fuerza militar*, *tropa*, *contingente*

C usos especiales en el lenguaje científico:

I filosofía

1 *potencia*

2 esp., en el platonismo *alma*

II fisiología, medicina, farmacia

1 en teorías fisiológicas de la filosofía natural jonia y en teorías biológicas posteriores: αἱ δυνάμεις *cualidades* de los primeros elementos

2 de ahí en dietética y farm. *Poder*, *acción*, *virtud*, *propiedad de alimentos*, *plantas*, *fármacos*

3 medicina *poder*, *facultad de la que están dotados órganos y partes del cuerpo para realizar sus funciones naturales*

4 cienc., en la explicación de otros fenómenos naturales, *poder*, *influencia*, *importancia*

III matemáticas y geometría

1 *potencia del número, en principio entre los pita-góricos en virtud de la potencia que subyace en la década*
2 *producto de dos números*
3 *propiedad de unos números*
4 *progresión geométrica*
    IV música
1 *función tonal de una gradación en la escala*
2 *tensión de la voz o de las cuerdas*: κατὰ δύναμιν /. Κατὰ θέσιν.

EL SEGUNDO PRINCIPIO DE LA TERMODINÁMICA Y LA ENTROPÍA DE CLAUSIUS

El segundo principio de la termodinámica está íntimamente asociado a la entropía, objeto principal de estas páginas. Sin embargo, la primera formulación de este segundo principio, debida a Sadi Carnot (1796-1832), no empleaba aún este concepto. Era una formulación muy técnica basada en las propiedades de las máquinas térmicas. Por otra parte, la definición precisa actual de entropía es, a su vez, muy técnica, involucrando una integral. Vamos a obviar tanto el enunciado de Carnot como dicha definición técnica de entropía para poder centrarnos en el objetivo del trabajo: su etimología, su interpretación, su historia y su influencia en otras ramas del conocimiento humano. Esto será posible sobre la base de considerar sus propiedades, lo que permite una interpretación más intuitiva.

En efecto, el concepto de entropía no sólo tiene una aplicación práctica imprescindible en termodinámica, sino que su uso se ha extendido y generalizado en muchos campos del saber, particularmente en la teoría de la información, en la economía, en la lingüística, en la filosofía y en la literatura. Incluso ha llegado a asomarse al habla cotidiana.

El artículo citado de Clausius es fundamental por dos razones. En él Clausius muestra su gran capacidad matemática y de entre sus ecuaciones emerge un concepto, la entropía, que designó con la letra S, y al que, como vimos, consciente de su relevancia técnica, le dio el nuevo nombre tomado del griego. En segundo lugar, destaca, según vimos ya, dos resultados: el primero de ellos constituye el primer principio de la termodinámica: la energía se conserva. El segundo dice que, en un sistema termodinámico aislado, la entropía siempre aumenta.

Entendemos por sistema aislado aquel en el que no entra masa, ni calor y en el que no se produce trabajo. Como el mismo universo es un sistema aislado, la entropía del universo siempre aumenta. Para todo el universo, por tanto, la energía se conserva y la entropía aumenta.

Hay que decir que el concepto de energía es intuitivo y usado incluso con precisión en el habla corriente, mientras que el de entropía parece más abstracto. Sin embargo, histórica y científicamente ambos conceptos nacieron por la misma época aproximadamente y los principios primero y segundo también son prácticamente coetáneos, incluso el segundo precedió ligeramente al primero.

Clausius nos lleva directamente y sin contemplaciones a las consecuencias filosóficas del concepto de entropía. La entropía del universo siempre aumenta. Al constatar que la entropía tiene un valor mínimo y un valor máximo nos ubicamos en un horizonte que nos lleva a pensar que el universo ha tenido un principio y tendrá un final.

La entropía es una magnitud positiva y su valor mínimo es cero, valor que se establece con el tercer principio de la termodinámica, que no entramos a discutir. El valor más bajo de la entropía del universo es cero, lo cual sería, como mínimo, el principio del universo.

Que el universo haya tenido un principio es algo que hoy no nos sorprende. Está muy divulgado que el principio del universo es el Big-Bang. Pero el Big-Bang es resultado de una extrapolación hacia el pasado de la expansión del universo y en el siglo XIX no se sabía que el universo estuviera en expansión. Los termodinámicos del XIX ya habían concluido que el universo tuvo un tiempo cero. Se concluya o no se concluya de aquí la existencia de Dios, es evidente que este hecho desencadenó un sinfín de conjeturas teológicas.

Pero la entropía del universo tiene también un máximo. Se denomina "equilibrio termodinámico". Todo sistema aislado tiende al equilibrio termodinámico y, por tanto, también el universo tiende al suyo. Cuando se alcanza este equilibrio cesan los procesos. Al equilibrio se puede llegar por varios caminos, pero sus propiedades no dependen de esos posibles caminos. El equilibrio termodinámico "olvida", no guarda memoria alguna de cómo se llegó hasta él. Sólo depende de la temperatura. La energía se ha conservado, pero, por así decirlo, "ya no sirve para nada", se ha "degradado" al máximo.

Así, Clausius condenó al universo al equilibrio termodinámico; a lo que los científicos del siglo XIX llamaron la "muerte térmica del universo". Pero mientras el comienzo tenía que ser brusco, a la muerte se llegaba despacio, asintóticamente. Otros autores, en particular William Thomson (1824-1902), primer barón de Kelvin (usualmente conocido como Kelvin), ya habían alcanzado antes esa conclusión, aun sin emplear explícitamente la magnitud entropía.

Hoy ya no se habla de muerte térmica del universo, aunque sí se cree que se alcanzará. Esta será muy diferente de la concebida en el XIX. Hoy sabemos que el universo está en expansión, y en expansión acelerada, por efecto de la energía oscura. Debido a esta expansión exponencial, todo quedará aislado de todo. Otra hipotética muerte del universo consistirá en el "Big-Rip", el "Gran Desgarrón"[45], como se verá en la sección posterior "Concepto actual del Universo", pero, en definitiva, sí se darían otras formas de muerte térmica.

EL SEGUNDO PRINCIPIO DE LA TERMODINÁMICA Y LA ENTROPÍA DE BOLTZMANN

Empecemos recordando que un sistema termodinámico está constituido por muchísimas partículas, ya sean átomos, moléculas, fotones, electrones, etc. No tiene sentido hablar de la entropía de un átomo, o de pocas decenas de átomos, de la misma forma que no se puede hablar de su temperatura.

La Mecánica Estadística de Ludwig Boltzmann (1844-1906) introdujo conceptos estadísticos y de probabilidad en el sistema. Lo que en la termodinámica clásica se afirmaba tajantemente que era imposible, ahora se dice que es improbabilísimo, tan improbable que, a todos los efectos prácticos, se diría imposible. Pero desde el punto de vista interpretativo el enfoque es radicalmente diferente.

---

45. El inglés "rip" significa "desgarro". Es, no obstante, llamativo que coincida con las siglas RIP (*Requiescat in pace,* "descanse en paz"), propias de la liturgia y la epigrafía funerarias, Big-Rip podría, en tal caso, (mal)interpretarse como el funeral del universo.

Si antes asegurábamos que una piedra en mi mano (energía potencial) se deja caer (energía cinética) y, al llegar al suelo, calienta a la Tierra (calor), pero que no puede ocurrir el proceso inverso, es decir, que la Tierra se enfríe un poco comunicando una energía a la piedra para que salte a mi mano, ahora diremos que es muy improbable que esto ocurra. Pero esa probabilidad no es nula.

Desde este enfoque también el concepto de entropía sufre una reinterpretación, lo que, por otra parte, hace su comprensión mucho más intuitiva. Imaginemos que el sistema se divide en pequeñísimas "celdillas", elementos diferenciales de volumen y que tenemos que meter los átomos del sistema en dichas celdillas. Las posibilidades son muchas. Imaginemos que, en principio, todas estas posibilidades son igualmente probables. Si conocemos la distribución de las partículas en las celdillas, diremos que conocemos el "microestado". Pero este no es accesible a la observación. Lo que es accesible es el "macroestado". Un macroestado puede ser compatible con muchos microestados. Por ejemplo, si en una celdilla hay un átomo A y otro B e intercambiamos su posición, el macroestado será el mismo. Pues bien, se llama "peso termodinámico" (*W*) al número de microestados compatibles con un macroestado[46].

Boltzmann demostró que la entropía de Clausius era una función del peso termodinámico, según la fórmula que hoy le sirve de epitafio en el cementerio de Viena[47]:

---

46. El trabajo y el peso termodinámico se representan con la misma letra, *W*, pero son magnitudes muy diferentes. Hay que alertar de la posible confusión.

47. Sin embargo, Boltzmann nunca llegó a escribir esta fórmula. Según ha mostrado J. Uffink ("Boltzmann's Work in Statistical Physics",

$$S = k \ln W,$$

donde k es una constante, llamada constante de Boltzmann, y ln significa logaritmo neperiano. Lo que hay que
destacar en esta fórmula es que la entropía está íntimamente ligada al peso termodinámico.

Como los macroestados que tengan más microestados compatibles serán más probables, se introduce un elemento probabilístico en la interpretación de la entropía.
Ahora no nos dirá el segundo principio que la entropía de
un sistema aislado aumenta, sino que lo más probable es
que aumente, aunque esta probabilidad es tan enorme que
lo probable es, en la práctica, la certeza.

Si, por ejemplo, todas las moléculas del aire en una
habitación están concentradas inicialmente en un rincón

Stanford Encyclopedia of Philosophy, 2004) esta expresión se debe a M.
Planck (1858-1947) en "The theory of heat radiation", basándose en los
argumentos de Boltzmann ("Vorlesungen über Gastheorie", 1808; véase
Wiessenschaftliche Abhandlungen, 1909) y en la teoría de la probabilidad
de E. Zcuber ("Wharscheinlichkeitsrechnung", 1903). Nuestro colega Do-
menico Giordano, científico jubilado de la Agencia Espacial Europea, nos
llamó la atención sobre este hecho. La demostración de Planck es muy rigu-
rosa y elegante, tras una precisa distinción entre microestado y macroestado de la que destacamos un párrafo elocuente: "…it is evident that we must
distinguish in the theoretical treatment two entirely different kinds of states,
which we may denote as "microscopic" and "macroscopic" states. The microscopic state is the state as described by a mechanical or electrodynamical
observer; it contains the separate values of all coordinates, velocities, and
field stregths. The microscopic processes, according to the laws of mechan-
ics and electrodynamics, take place in a perfectly unambiguous way; for
them entropy and the second principle of thermodynamics have no signif-
icance. The macroscopic state, however, is the state as observed by a ther-
modynamic observer; any macroscopic state contains a large number of microscopic ones, which it unites in a single value".

(poco probable) evolucionarán hasta difundirse uniformemente por toda la habitación (muy probable) y, una vez esparcidas uniformemente, ya no evolucionará más el sistema (equilibrio termodinámico). El peso termodinámico de
la situación final será mayor. La entropía habrá aumentado.

Un par de matices por ganar precisión. Hemos dividi-
do el espacio ocupado por el sistema en celdillas muy pequeñas donde situar los átomos. Esta división se ha hecho
en el espacio ordinario de tres dimensiones. Sin embargo,
es mucho mejor definir las celdillas en un espacio más
abstracto, llamado espacio fásico, de seis dimensiones.
En este espacio las celdillas no vienen sólo especificadas
por sus coordenadas espaciales, sino además por las tres
componentes de momento (el momento es en el caso de
los átomos ordinarios el producto de la masa por la velocidad). Para situar un átomo en una celdilla del espacio
fásico, tenemos que tener en cuenta no sólo su posición,
sino además su momento. Para abordar el problema esta-
dístico no basta con saber dónde está cada átomo, sino,
además, cómo se mueve. Por otra parte, estamos considerando átomos a la manera tradicional, aunque la mecánica
cuántica confiere a las partículas elementales, atómicas y
subatómicas, unas propiedades diferentes. Sin embargo, la
esencia de la interpretación no se altera.

En ocasiones en la física los resultados obtenidos
por muchas generaciones de sabios, mediante concien-
zudos experimentos y desarrollos matemáticos sofistica-
dos, acaban siendo simples verdades, casi perogrullescas.
En este caso, como lo que vemos es el macroestado, si
en un macroestado hay microestados compatibles, dicho
macroestado será más probable cuantos más microstados
compatibles haya en él. Si en un sistema hay estados más
probables que otros, lo más probable es que el sistema

evolucione de un estado más improbable a otro más probable. Este es, en su más simple interpretación, el significado del segundo principio.

Recordando el ejemplo de la habitación, obsérvese que el estado de mínima entropía, que correspondería al momento inicial con todas las moléculas concentradas en un rincón (y, digamos, todas con la misma velocidad) tiene un interesante parecido con la idea del Big-Bang. Y, a partir de ese momento inicial, las moléculas se esparcen por la habitación, recordando la expansión del universo. A pesar de esta coincidencia aparente, se trata de dos interpretaciones físicas muy dispares.

Interpretación de la entropía

Los apartados precedentes han sido necesarios para comprender por qué este concepto se ha salido de los libros de termodinámica y de física en general para ser utilizado en otros campos como la informática, la economía, la biología, la filosofía y hasta el lenguaje común. Comentemos algunas ideas más que favorecen la intuición.

La entropía es la medida del desorden. Podemos entender que las moléculas arrinconadas y juntas en un espacio reducido constituyen un estado más ordenado que cuando se encuentran esparcidas por toda la habitación. También podemos admitir que un cristal está más ordenado que un sólido amorfo, éste más que un líquido y éste más que un gas. Este último sería el estado más desordenado. Así, en correspondencia, un cristal tiene menos entropía que un sólido amorfo y éste menos que un líquido y éste menos que un gas.

La entropía tiene estrecha relación con la información. Si un sistema tiene alta entropía, según hemos visto, tiene mayor peso termodinámico y, por tanto, mayor probabilidad de que se produzca espontáneamente. Si a nosotros, observando el macroestado, alguien nos dijera cuál es el microestado, nos daría una información tanto más valiosa cuanto mayor fuera el número de microestados compatibles con el macroestado. De ahí la relación entre la termodinámica y la informática. Los informáticos prefieren utilizar otra definición de entropía, la entropía de Shannon, pero no vamos a hablar del importante campo de la informática.

La entropía es función de estado. Quiere decir esto que es una propiedad del estado del sistema que no depende del camino seguido para llegar a ese estado. No depende del camino ni del tiempo empleado. Por proponer un símil: la diferencia de altura entre una cima y el lugar donde estamos es independiente del camino seguido para determinarla.

En aplicaciones relacionadas con la entropía y la vida, se ha introducido en ocasiones el concepto de negantropía, también llamada "negentropía" o "sintropía". Fue idea de E. Schrödinger en su conocido (y quizá poco comprendido) libro *¿Qué es la vida?*, entendida como "entropía negativa". Por definición, la entropía negativa no es más que la entropía cambiada de signo. Decir que la entropía es la medida del desorden es lo mismo que decir que la negantropía es la medida del orden. Decir que la entropía de un sistema aislado crece es lo mismo que decir que la negantropía de un sistema aislado decrece. Sin embargo, este concepto ha tenido un recorrido histórico bastante largo, aunque no en la física misma, en la que su uso actual es nulo. Acertadamente el término "negentropía" no está incluido en el María Moliner.

El concepto de entropía evolucionó tras la llegada de la relatividad y la física cuántica y tras el conocimiento de la expansión del universo. El segundo principio de la termodinámica subsiste, aunque su interpretación difiere del clásico del siglo XIX. Pero, dado el carácter divulgativo de estas páginas, no podemos adentrarnos mucho en ello pues nos apartaría de la interpretación más sencilla e intuitiva.

La ecuación que relaciona la entropía y el peso termodinámico subsiste, pero el cálculo de éste cambia porque la distribución estadística de las partículas cuánticas es diferente. Las partículas cuánticas son indiscernibles; así dos electrones forman el mismo par, aunque intercambiemos sus posiciones. Hay dos tipos de partículas cuánticas: los fermiones y los bosones. Los fermiones obedecen al principio de exclusión de Pauli; es decir, no podemos meter dos fermiones en la misma celdilla en el espacio de las fases. Los fermiones obedecen a la estadística de Fermi-Dirac. Ejemplos de fermiones son los protones, electrones y neutrones. Los bosones no obedecen al principio de exclusión, por lo que podemos meter un número cualquiera de bosones en una celdilla. Los bosones obedecen a la estadística de Bose-Einstein. Un ejemplo de bosón es el fotón. El tamaño de las celdillas viene acotado por el principio de incertidumbre de Heisenberg.

La relatividad obliga también a profundos cambios especialmente en los "sistemas calientes" de partículas, es decir, en los sistemas cuyas partículas se mueven a velocidades próximas a la velocidad de la luz. Éste es siempre el caso de los fotones, cuyo equilibrio termodinámico viene dado por la distribución del cuerpo negro. Pero también el de otros sistemas de partículas cuando la temperatura es muy alta.

En el universo, la expansión implica enfriamiento, lo que hace que la partícula dominante haya cambiado a lo largo de su historia dando lugar a diferentes eras: universo dominado por quarks, por electrones y positrones, por fotones, por materia oscura, etc. La energía oscura es ya dominante en la era actual. Al cambiar el tipo de partícula dominante, y con él la estadística a aplicar, la termodinámica prevé propiedades diferentes. Las físicas cuántica y relativista nos han obligado a modificar algunos de nuestros principios, pero no así el segundo de la termodinámica.

ENTROPÍA Y TIEMPO

En un sistema aislado la entropía crece. El universo es un sistema aislado; luego la entropía del universo crece. Ahora bien, implícitamente en esta afirmación está el tiempo. La entropía crece al transcurrir el tiempo. Entonces, aquí nos encontramos con un obstáculo: ¿cómo conocer el flujo del tiempo?, ¿cómo distinguir el pasado y el futuro? Un hombre distingue rápida y perfectamente lo que es pasado y lo que es futuro, y la pregunta le puede parecer trivial. El hombre "siente" el fluir del tiempo. Para una máquina, en cambio, esto no sería tan sencillo. Si yo observo el sistema en el estado A y observo el sistema en el estado B, ¿cómo puedo objetivamente saber si al estado B se ha llegado después, desde el estado A? ¿Cómo saber objetivamente que B es "futuro" con respecto a A?

Una forma objetiva de distinguir entre pasado y futuro puede facilitarla la entropía. Si el estado B es más entrópico que el A, es que B es posterior y A es anterior. Si vemos en una fotografía A una copa de cristal con agua y en otra fotografía B la copa rota y el agua derramada, sabemos que B es posterior en el tiempo, porque B es más entrópico.

Pero aquí se establece una especie de círculo vicioso. La entropía aumenta al transcurrir el tiempo, pero el transcurrir del tiempo lo marca el aumento de entropía. Se dice que la entropía es la "flecha" del tiempo, frase feliz acuñada por el astrónomo Arthur Eddington (1882-1944). Nos dice la dirección del "fluir" del tiempo, pero es una flecha "viciosa", como lo es el círculo que acabamos de mencionar.

Si se llega al equilibrio termodinámico, la entropía ha alcanzado su máximo y ya no crece más. Esto no quiere decir que el tiempo se pare, pues no tiene por qué pararse en el medio que rodea nuestro sistema, ni en los átomos que lo componen. Pero en el universo, cuando se alcance la muerte térmica, ¿se para el tiempo? No. Los electrones que giran en torno al núcleo pueden servir de reloj. El tiempo no se para, pero, al decir de Eddington, el tiempo pierde su flecha. En el equilibrio termodinámico global no tendremos forma de distinguir entre pasado y futuro.

Esto, claro está, es completamente hipotético, pues los observadores reales, que somos sistemas muy alejados del equilibrio, no podríamos vivir en un universo muerto. Y muertos no podríamos observar. Para salir de ese círculo vicioso tendríamos que identificar una segunda flecha del tiempo.

La expansión del universo puede ser esta segunda flecha. El universo siempre crece. Aunque inicialmente se pensó que una solución de las ecuaciones de Einstein aplicadas al universo entero podría consistir en un movimiento oscilante (Big-Bang, expansión, contracción, rebote, otro Big-Bang y así sucesiva y eternamente), hoy estamos casi convencidos de que esto no sucederá. El universo se expandirá siempre y cada vez más rápido. Cuanto mayor sea, más rápidamente se hará mayor.

Así destruimos el círculo vicioso. La entropía crece al crecer el tiempo y el tiempo crece cuanto más crece el universo. Pero esto es intranquilizante. En un acto tan cotidiano como el de dejar caer una piedra al suelo y con ello calentar un poco la tierra, ¿está influyendo la expansión del universo?

En términos del mundo grecolatino clásico, o en tiempos de Boecio (480-525), esto tal vez parecería una conexión natural entre el microcosmos y el macrocosmos, conexión que se entendería hoy de forma muy diferente.

Boltzmann, insatisfecho con las conclusiones perturbadoras de la termodinámica tanto sobre el principio como sobre el fin del universo, propuso una cosmología en la que dicho universo ya habría alcanzado el equilibrio termodinámico: por así decirlo, ya habría muerto. Pero el equilibrio muchas veces en física se caracteriza por oscilaciones pequeñas en torno a él. Nosotros viviríamos en una gran fluctuación, como podía haber un número indefinido de ellas en cualquier tiempo y en cualquier lugar de un vastísimo universo, mucho más grande que el que en su tiempo podía observarse (una pequeña porción de nuestra galaxia).

De igual modo que nosotros estaríamos viviendo en una parcela del universo caracterizada por el aumento de entropía, habría otras parcelas caracterizadas por disminución de entropía. Este mundo en el que el desorden tendería al orden, aparentemente violando el segundo principio, sería inimaginable y además pintoresco. Por ejemplo, podríamos tener un coche movido por una energía obtenida a base de enfriar un poco la carretera. Aunque, diríamos hoy, la flecha del tiempo suya estaría invertida con respecto a la nuestra. Digamos que hoy no se considera esta contribución a la cosmología, que ha discurrido más bien por el cauce de la relatividad general.

Cuatro físicos han destacado en la comprensión del tiempo: san Agustín (354-430), Boltzmann (1844-1906), Einstein (1879-1955) y Lemaître (1894-1966).

ENTROPÍA E IRREVERSIBILIDAD

Sigamos considerando la relación entre entropía y tiempo. Se dice que la entropía de un sistema indica la capacidad de producir trabajo. Debe interpretarse en términos relativos: el trabajo y el calor son energía en tránsito, mientras que la energía interna es característica del sistema. El calor entra en el sistema (sale si es negativo), el trabajo es positivo si lo ejerce el sistema (lo recibe si es negativo). Estos criterios de signos son convencionales. El trabajo es apreciable macroscópicamente; el calor, no. Esta es la diferencia entre las dos energías en tránsito. Pero no son equivalentes, porque la conversión de trabajo en calor se realiza por el sistema con un rendimiento del 100%; la conversión de calor en trabajo se logra con mucha dificultad y con rendimientos bajos. No es que sea imposible; de hecho, hay "máquinas térmicas". Pero prueba de su limitación es que requieren dos focos de calor a diferente temperatura.

Provisionalmente no pensemos en el sistema ni en la máquina térmica. Cuando hay paso de energía cinética a calor, hay disipación de energía e irreversibilidad en el proceso. Cuando el rozamiento hace que se detenga un móvil, su energía cinética se convierte en calor. El proceso inverso es imposible. No podemos enfriar el suelo para mover el coche. Pensemos en el sonido. Emitimos un sonido, se propagan ondas acústicas y, tarde o temprano, se amortiguan y desaparecen. Esa amortiguación es un rozamiento que acaba convirtiéndose en calor. El sonido más leve es causa de irreversibilidad, porque consiste en oscilaciones que se acabarán amortiguando por rozamiento. La termodinámica del equilibrio es una ciencia muy "silenciosa". El rozamiento es inevitable.

Otra causa de irreversibilidad es la conducción calorífica. Si se ponen en contacto un cuerpo caliente y otro frío, el calor fluye hasta que ambos tienen una temperatura común intermedia. El proceso inverso, es decir, que dos cuerpos en contacto con igual temperatura, acaben el uno más caliente y el otro más frío, es imposible (o improbabilísimo).

Tengamos en cuenta ahora estas consideraciones para nuestro sistema termodinámico y su entorno. ¿Cómo puede variar la entropía del sistema? Puede hacerlo por causas externas o internas. Por causas externas, comunicándole calor o aumentando su masa o haciendo que nos proporcione trabajo. Todos estos flujos de energía pueden ser positivos o negativos. Las causas de variación interna de la entropía pueden ser el rozamiento (o la viscosidad, si el interior es fluido) o la conducción calorífica entre unas partes y otras dentro del sistema. Las causas internas de variación de la entropía son siempre positivas. Si impedimos las causas externas aislando el sistema, su entropía crece hasta el máximo, hasta alcanzar el equilibrio termodinámico. El universo es un sistema aislado; por ello, su entropía crece, como ya sabemos. Si en un sistema no aislado disminuye la entropía, la del entorno tiene que aumentar, de forma que la del universo aumente.

ENTROPÍA Y VIDA

En el siglo XIX nacieron dos teorías que parecían representar dos tendencias diferentes. Una era la termodinámica, que implicaba una evolución al desorden. La otra era la teoría de Darwin, que pretendía explicar el orden creciente en la evolución de las especies. Formalmente, no había ninguna contradicción. La entropía de un sistema aislado aumenta, pero un ser vivo no es un sistema aislado; y moriría si lo estuviera, de acuerdo con el segundo principio. No hay, pues, nada que objetar.

Pero no todo lo que no esté prohibido por la termodinámica tiene que existir. De forma que ambas teorías, por muy compatibles que fueran, no parecían estar inspiradas por el mismo principio. Pongamos un ejemplo que resalta esta fricción, digamos, emocional. Dividamos un gato en sus átomos y metámoslos todos en un saco. Lo agitamos y lo volcamos. En general, muy probablemente no saldrá un gato. Pero si repitiéramos la operación muchísimas veces, sí podría aparecer un gato. Sí sería posible, aunque muy improbable. Es muy improbable que aparezca. Otra forma de decirlo es que la entropía del gato es muy pequeña.

Además, si tuviéramos que describir un gato necesitaríamos habitaciones y habitaciones de cuadernos. Y si tuviéramos que "construirlo" necesitaríamos un manual de instrucciones de proporciones desorbitadas. Quiere esto decir que un ser vivo es algo que es muy improbable que se produzca espontáneamente. Este pensamiento parece poder aliviarse recordando que el gato tenía padres gatos y éstos, a su vez, tenían padres gatos, etc. Y se alivia considerando que la especie gato surge como resultado de la selección natural, que ha evolucionado dentro de una biosfera. Pero un termodinámico nos recordaría que la entropía es función de estado y que se ha llegado al estado gato independientemente del camino seguido. Conocemos más o menos bien ese camino, sabemos que se ha necesitado una biosfera, pero la improbabilidad no hay quien nos la quite de encima. La entropía es demasiado baja y es función de estado.

Si los sistemas tienden al equilibrio termodinámico, los seres vivos son sistemas termodinámicos completamente fuera del equilibrio. La tensión del siglo XIX persiste. Debido a ello, numerosos científicos han propuesto distintas teorías. Y con nuevas leyes la termodinámica podría ser fuente de conocimiento para comprender la vida. Entre estas teorías las hay que se refieren a leyes físicas aplicables sólo al fenómeno vital, es decir, son teorías vitalistas, y las hay que procuran ser válidas en todo espacio y tiempo, no exclusivas para tratar el fenómeno vital. Pero se aprecia un cierto sentimiento en un número de autores no precisamente minoritario que buscan un cuarto principio de la termodinámica, la llamada "missing law", la "ley que falta".

El más distinguido entre los físicos convencidos de que la termodinámica está incompleta fue E. Schrödinger (1887-1961), en su gran breve libro *What is life?*, *¿Qué es la vida?*, ya mencionado, uno de los más citados de todos los tiempos. También S. Kauffman ha escrito libros de gran impacto sobre ello. Una teoría reciente (Sánchez y Battaner 2022; Battaner 2023) favorece la complejidad progresiva que se observa en la evolución desde un punto de vista astrofísico. El problema cosmológico menos entendido es la existencia de vida en el universo.

ENTROPÍA, FILOSOFÍA, LITERATURA Y HABLA COTIDIANA

La extensión de la entropía al mundo de la filosofía es muy amplia y aquí solo podemos dar sobre ella alguna pincelada señalando, más que discutiendo, sus implicaciones. Según P. Chambadal (1963) "el problema del origen y del fin del universo, y el de la génesis y evolución de la vida, pueden ser considerados como en el límite de la ciencia y la filosofía".

Podríamos añadir una tercera cuestión: la irreversibilidad del tiempo. Según E. Meyerson[48], "el principio de Carnot está asociado al concepto del tiempo, y lo precisa. A medida que el tiempo avanza, el mundo no permanece idéntico a sí mismo, sino que se modifica sin cesar: algo pasa". O también: "es el principio de Carnot lo que da al físico la convicción neta e inquebrantable de la realidad y de la importancia del devenir irreversible".

L'Evolution créatrice (1907) de Henri Bergson (1859-1941) marca el inicio de una "nueva filosofía" y ha condicionado la formación del pensamiento de I. Prigogine (1917-2003). El filósofo francés, que reflexionó detenidamente sobre la conmoción que originó la invención de la máquina de vapor y la generalización de su uso, opinaba que la ley de la entropía, extraída por Clausius de la obra de Sadi Carnot, era "la más metafísica de las leyes de la física", en cuanto nos señala con el índice la dirección en la que avanza el mundo.

Son muchos, en efecto, los filósofos atraídos por la ley del aumento de la entropía y entre ellos hay que citar a muchos físicos, no sólo Clausius, Boltzmann y Planck sino también Maxwell (1831-1879), Eddington, de Broglie (1892-1987), Kelvin, Einstein, Lemaître y muchos otros.

En la poesía la irreversibilidad del tiempo está muy presente. Antonio Machado (1875-1939), por ejemplo, que había asimilado la doctrina de Bergson en sus cursos de

48. *Identité et réalité*. Citado por Chambadal.

París (1911), conocía el segundo principio: "... mientras Carnot y Clausius ponen, con su termodinámica, también en el tiempo, la regla más general de la naturaleza..."[49]. ¿Quién no ve, por ejemplo, cómo el aumento de entropía inspira estos versos suyos?:

> ¿Dices que nada se pierde?
> Si esta copa de cristal
> se me rompe, nunca en ella
> beberé, nunca jamás.

El tiempo pasa y, paradójicamente, el hombre, un ser prácticamente estacionario, es excepcionalmente sensible a su paso. Seguimos con Machado:

> Mientras no suene un paso leve
> y oiga una llave rechinar,
> el niño malo no se atreve
> a rebullir ni a respirar.
> ...
> El niño está en el cuarto oscuro,
> donde su madre lo encerró.
> Es el poeta, el poeta puro
> que canta: el tiempo, *el tiempo y yo.*

La cursiva es de los autores, para destacar la sensación de que el tiempo fluye. Para una máquina, el tiempo *está,* pero no *fluye.*

Buena prueba de que el concepto de entropía ha salido de los libros a la calle es que figura en los diccionarios de la

---

RAE y de María Moliner, citados al principio. Definir este concepto en el breve espacio y con la necesaria llaneza de lenguaje de un diccionario general no es tarea fácil. Basándonos en las propiedades que acabamos de describir, podríamos proponer una posible entrada:

> Entropía: "Magnitud física que siempre aumenta en un sistema aislado, en el que no pueden entrar ni salir ni masa ni calor y que no produce ni recibe trabajo".

Adoptado a partir de la física decimonónica por otros campos del saber, el término "entropía" se abrió camino también en el lenguaje común y alcanzó incluso al habla coloquial. Y en esa peripecia ha experimentado, como otros muchos, los riesgos habituales en la "divulgación" de los tecnicismos científicos:

> "términos que tienen, o pretenden tener, una referencia en la realidad empírica, pero cuyo manejo adecuado es muy difícil, cuando no imposible, para personas que no estén suficientemente entrenadas en la disciplina en la que aparecen... Algunos de ellos han hecho ya su entrada en el lenguaje común no científico, como es el caso de "entropía"... o "plusvalía", pero, incluso en esos casos, su uso por parte de los hablantes no especializados suele ser metafórico, inseguro; en definitiva, el hablante normal es consciente de no ser capaz de usarlos con la misma soltura y propiedad con las que usa los términos usuales de su vida cotidiana"[50].

Los bancos de datos de la RAE, que recogen escritos de todo tipo, pueden dar una idea de la situación que en este sentido ofrece en español "entropía" fuera del ámbito

---

50. Ulises Moulines 1993, p. 147.

estricto del lenguaje técnico. El *CORDE* (*Corpus diacrónico del español*) recoge 36 casos procedentes de 18 documentos[51]. En el *CREA* (*Corpus de referencia del español actual*) la frecuencia es mucho mayor: 187 casos en 76 documentos. Son datos en los que cabría ver reflejado el progreso de su difusión.

No faltan allí los usos adecuados del tecnicismo en referencias directas a él incluso en contextos abiertamente literarios:

> "Que Su Ilustrísima las aconsejó dieran a la procesión con el encanto de su asistencia y el fulgor de su belleza una visión adelantada de las que en el reino de los cielos se celebrarán cuando *la entropía del universo llegue a su máximo* y termine el mundo. [p. 311] Clausius –dijo el Padre oyendo eso de entropía, pues de Clausius era la idea y no del obispo. El señor obispo le miró esta vez, movió el molinillo don Seráfico y las damas atortoladas prometieron vender sus joyas para que el culto al Cristo Pobre resplandeciese"[52].

Azorín (según dichas bases de datos, la documentación más antigua –1902– del término en el español coloquial), parecía dejar entrever un cierto escepticismo ante la moderna entropía del universo:

> "Yuste pasea absorto. El viejo reloj suena una hora. Yuste prosigue: –Todo pasa. La sucesión vertiginosa de los fenómenos no acaba. Los átomos en eterno movimiento crean y des-

---

51. En ocho de ellos, (6 documentos) la palabra aparece escrita sin la tilde acentual: "entropia".

52. Eugenio Noel, *Las siete cucas* (1927), ed. J. Esteban, Madrid, Cátedra, 1992, p. 310.

truyen formas nuevas. A través del tiempo infinito, en las infinitas combinaciones del átomo incansable, acaso las formas se repitan; acaso las formas presentes vuelvan a ser, o éstas presentes sean reproducción de otras en el infinito pretérito creadas. Y así, tú y yo, siendo los mismos y distintos, como es la misma y distinta una idéntica imagen en dos espejos; así tú y yo acaso hayamos estado otra vez frente a frente en esta estancia, en este pueblo, en el planeta este, conversando, como ahora conversamos, en una tarde de invierno, como esta tarde, mientras avanza el crepúsculo y el viento gime[53].

Yuste –acaso escéptico de la moderna *entropia* (sic) *del universo*– medita silencioso en el indefinido flujo y reflujo de las formas impenetrables. Azorín calla. Un piano de la vecindad toca un fragmento de Rossini… La melodía, tamizada… Yuste continúa: –La substancia es única y eterna. Los fenómenos son la única manifestación de la substancia. Los fenómenos son mis sensaciones. Y mis sensaciones, limitadas por los sentidos, son tan falaces y contingentes como los mismos sentidos. El maestro torna a pararse. Luego añade: –La sensación crea la conciencia; la conciencia crea el mundo. No hay más realidad que la imagen, ni más vida que…"[54].

Unamuno, en la década siguiente (1913), hablando del final del universo, daba la impresión de no terminar de aceptar tan novedoso tecnicismo:

53. Recuerda este párrafo al modelo de universo oscilante hoy desechado. El astrónomo Fred Hoyle proponía también esta repetición de sucesos como consecuencia del modelo de universo estacionario defendido por él mismo junto con Bondi y Gold. Hoyle en una de sus conferencias admitía que ésta se podría producir infinitas veces con el mismo conferenciante, los mismos oyentes, la misma sala, etc.

54. Azorín (José Martínez Ruiz), *La voluntad* (1902), ed. I. Fox, Castalia (Madrid), 1989, pp. 73 s.

"...el desesperado Leopardi... 'Tiempo llegará –dice– en que este universo y la Naturaleza misma se habrán extinguido. Y al modo que de grandísimos reinos e imperios humanos y sus maravillosas acciones que fueron en otra edad famosísimas, no queda hoy ni señal ni fama alguna, así igualmente del mundo entero y de las infinitas vicisitudes y calamidades de las cosas creadas no quedará ni un solo vestigio, sino un silencio desnudo y una quietud profundísima llenarán el espacio inmenso. Así este arcano admirable y espantoso de la existencia universal, antes de haberse declarado o dado a entender, se extinguirá y perderáse'. A lo cual llaman ahora, como un término científico y muy racionalista, la *entropía*. Muy bonito, ¿no? Spencer inventó aquello del *homogéneo primitivo*, del cual no se sabe cómo pudo brotar *heterogeneidad* alguna. Pues bien; esto de la *entropía* es una especie de *homogéneo último*, de estado de perfecto equilibrio[55]. Para una alma ansiosa de vida, lo más parecido a la nada que puede darse".

Más de medio siglo después Julián Marías, a propósito no ya del universo sino de la estructura social, hablaba del riesgo de homogeneidad, de inerte uniformidad, implícito en una "entropía social":

"Cataluña es una región con extremada personalidad; esto me parece sumamente interesante, y volveré sobre ello; me parece, además, deseable; nada me inquieta como la evaporación de las diferencias y los matices, como la *homogenei*

---

55. El universo observado en el Fondo Cósmico de Microondas está mucho más cerca de la homogeneidad que el actual debido a que la disminución de temperatura asociada a la expansión ha generado heterogeneidad (incluyendo la propia de la vida). Finalmente se alcanzará la homogeneidad en el "perfecto equilibrio". Unamuno está, pues, acertado en este párrafo.

zación, porque esta provoca una *entropía social* que amenaza con la paralización y la muerte de la actividad creadora. Cataluña tiene además una enérgica conciencia de personalidad"[56].

Con un sentido próximo parece usarse el término "entropía" en un reciente libro[57] del poeta y filólogo J. A. González Iglesias. Por ejemplo, hablando de la práctica desaparición de ciertos nombres (Benedicto, Biendicho, Benito) en nuestra onomástica actual, se dice:

> "No sé si es hiperbólico sostener que los últimos siglos occidentales han sido de una *entropía civilizatoria* tan grande que el bien ha dejado de estar presente en el lenguaje" (p. 85).

Y otro tanto a propósito de la idea de la armónica integración del hombre (microcosmos) en el universo (macrocosmos)[58], hoy olvidada en aras del miope racionalismo de nuestra "civilizada" sociedad del bienestar:

> "La armonía entre el ser humano y el universo no es mera especulación filosófica. Todos la sentimos en algunos momentos… Nada peor que la sensación creciente del absurdo que se ha adueñado de los últimos dos siglos en Occidente. La *entropía psicológica* deriva en ansiedad, suicidio y pesimismo *civilizatorio* (p. 144)".

He aquí, pues, unos ejemplos de la difusión alcanzada por el tecnicismo "entropía" en el español coloquial: en el de personas de tan elevado nivel cultural como las mencionadas el término no ha perdido su núcleo semántico originario.

---

56. Julián Marías, *Consideración de Cataluña*, Barcelona, 1966.
57. *Historia alternativa de la felicidad*, Barcelona, 2023.
58. Cf. Luque 2023, pp. 699 ss; 791 ss.

Más riesgos de desdibujarse corre dicho núcleo en el lenguaje de la calle. Aun así, por ejemplo, la concepción de entropía como medida del desorden permite oír frases, no exentas de ironía, como: "Niño, en tu cuarto está creciendo la entropía". O bien "la entropía de esta biblioteca es inaceptable". O también "mi mesa de trabajo tiene una gran entropía". Y se habla asimismo de entropía a propósito de un organismo o una institución que agota en sí misma su funcionalidad; de algo cuya actividad se reduce a un proceso estéril que se cierra en sí mismo sin trascender apenas al exterior y que, en definitiva, no sirve para otra cosa que para su propia existencia o supervivencia: tal institución u organismo, con no poca dosis de ironía, se consideran "entrópicos". Como entrópica es esa sociedad o cultura hoy imperante que, como profetizó Herbert Marcuse[59], nos victimiza en aras de sí misma.

SENTIDO DE LA PALABRA "UNIVERSO" Y OTRAS AFINES

El universo es una realidad difícil de apreciar, una noción compleja que da lugar a una terminología compleja. Permítasenos aquí un breve excurso sobre el sentido de la larga serie de términos que se entrecruzan habitualmente al hablar de la cuestión; unas simples observaciones[60] sobre su origen grecolatino y su etimología.

---

59. *One-Dimensional Man: Studies in the Ideology of Advanced Industrial Society* ("El hombre unidimensional"), 1964.

60. Puede el lector ampliarlas en los diccionarios al uso: *DLE*, *TLL,* Meyer-Lübke, Ernout-Meillet, De Vaan, Le Boeuffle 1987 y otros recogidos en la bibliografía.

Sobre la antigua astronomía / astrología, cf. Bouché-Leclercq 1899; Le Boeuffle 1977.

1. "Universo" en español es, en principio, un adjetivo ("universal", "ecuménico"), como lo era el latín *universus*, sobre el que se sustenta. Pero funciona más como sustantivo, designando el "conjunto de todo cuanto existe". Alterna así con "mundo" y "cosmos" y también con "orbe" y "globo", en un sentido, y con "creación", "naturaleza", en otro.

El latín *universus, -a, -um*, es, según decimos, un adjetivo compuesto a base de *unus* ("uno, único") y *versus* ("vuelto": participio de *vertere*, "volver(se)"), que propiamente significa "vuelto por entero (de un solo impulso) hacia". En singular acompaña a nombres colectivos (*universa terra, provincia*). El plural, *universi*, "todos juntos" (= gr. Οἱ ὅλοι), se opone a *singuli* ("uno a uno"). El neutro *universum* se usó en el lenguaje filosófico (Cicerón) para traducir el griego τὸ ὅλον, "la totalidad". De ahí expresiones como *in universum* ("en general").

Entre sus derivados están el adjetivo *universalis* (Quintiliano, Plinio el Joven) y los adverbios *universim* (Nevio, Gelio), *universaliter* (*Digesta*), *universatim* (Sidonio Apolinar), así como el sustantivo *universitas* (de donde nuestro "universidad"), atestiguado desde Cicerón, quien puede que lo creara para traducir el griego ὁλότης ,"totalidad" (*nat.* II 164 *u. generis humani* "totalidad del género humano"; I 120 *u. rerum*, "totalidad de las cosas, universo"); no fue, sin embargo, en latín muy usado fuera de la lengua del derecho: "comunidad, conjunto orgánico de personas y/o cosas".

2. "Mundo", que, según acabamos de decir, funciona como sinónimo del anterior, es ya más problemático. Existe, efectivamente, en latín el adjetivo *mundus, -a, -um*

(que equivale al griego καθαρός), procedente de *mudnos ("lavado"), que significa "limpio", "puro", así como "correcto", "cuidado", "coqueto" (*lepidus*), "elegante", incluso "equipado". Notables son los adverbios *mundē* y *munditer* ("limpiamente", "elegantemente") y la expresión *in mundo* (*esse* o *habere*: "en limpio"). Sobre él se forman, entre otros, *munditia, mundare, immundus*, todos ellos de uso frecuente tanto en la lengua hablada como en la escrita, que, al igual que el propio adjetivo (cf. el español "mondo y lirondo") trascendieron a las lenguas romances: "mondar" (¿"escamondar"?), "(in)mundicia", "inmundo".

Junto a este adjetivo, sustantivado en ocasiones, existía un sustantivo (*TLL, s.v.*) *mundus* (*mundum* a veces), -*i*, que designaba los artículos de la "toilette", los atavíos, especialmente de la mujer. Se lo ha relacionado con el adjetivo, pero su procedencia es incierta.

Se reconoce asimismo un segundo sustantivo (*TLL, s.v.*) *mundus*, -*i* "el mundo", también de origen desconocido y cuya relación con el anterior es insegura:

> Festo 125,21 *mundus* se llama al cielo, la tierra, el mar y el aire. *Mundus* además se le dice al ornato de la mujer, porque no es otra cosa que lo que se puede mover. *Mundus* también se llama al "lavado" y "puro"[61].

De ser así, nos hallamos ante tres palabras diferentes, un adjetivo y dos sustantivos[62].

---

61. *mundus appellatur caelum, terra, mare et aer. Mundus etiam dicitur ornatus mulieris, quia non alius est quam quod moueri potest. Mundus quoque appellatur lautus et purus.*

62. Aunque la ocasional documentación (fragmento de Varrón en Macrobio, *Saturnales* I 16, 18) de *mundus* referido a los infiernos (una especie

Este segundo sustantivo *mundus*, *-i* ("conjunto de los cuerpos celestes, cielos, universo luminoso") podría ser la misma palabra que el otro *mundus* ("equipamiento"), que habría pasado a designar "el mundo" sin duda a imitación del griego κόσμος; así lo veía, por ejemplo, Varrón:

> Varro, *Men.*, 420 se llama, por el "cincelado", cielo; en griego, por el ornato, *kósmos*, en latín, por la pureza, *mundus*[63].

Salvo las dudas que entraña su ocasional relación[64] con el mundo subterráneo, con los infiernos, para los latinos este *mundus*, que terminaría extendido por todo el ámbito romance[65], parece que fue siempre la bóveda celeste en movimiento[66] y los cuerpos luminosos que la pueblan. La diferencia entre *mundus* y *caelum* más que semántica se diría que fue sociolingüística: *caelum* más familiar y coloquial; *mundus* más técnico y culto.

Se entendía también *mundus* como "universo", como algo único fuera de lo cual nada hay y, según se deduce de las adjetivaciones que más se le aplicaban, se lo consideraba inmortal, eterno, redondo, esférico. Se hablaba,

---

de fosa que se abre –*mundus patet*– a nuestros pies) podría llevar a reconocer (*TLL*, *s.v.*) un tercer sustantivo al que se le ha atribuido un posible origen etrusco. Esta relación entre *mundus* "cielo" y *mundus* "entrada a los infiernos" es una de las principales dificultades en esta cuestión: Le Boeuffle 1987, *s.v.*, p. 187.

63. *appellatur a caelatura caelum, graece ab ornatu* κόσμος, *latine a puritia mundus.* El verbo *caelare* significa "cincelar", "grabar", "adornar".

64. A la que acabamos de referirnos en nota anterior.

65. Meyer -Lübke 5749.

66. Frente a la Tierra inmóvil en el centro: de ahí que se relacionara a veces el nombre *mundus* con el verbo *movere*.

sin embargo, también en ocasiones de muchos mundos, innumerables, separados por *intermundia*; y se habló también de un mundo sensible, de un mundo corpóreo, de un mundo inteligible; y, en sentido figurado, se consideraba al hombre un "mundo menor" (μικρόκοσμος). En época imperial se lo restringió a la acepción de "mundo terrestre, Tierra, habitantes de la Tierra, (la Tierra habitada o "ecumene", οἰκουμένη), humanidad"):

> Hor., *sat.* I 3,112 *tempora fastosque... evolvere mundi* ("revolver los tiempos y los fastos del mundo").
> Lucan. V 469 *spes miseri mundi* (esperanza del pobre mundo").

Entre los cristianos, a imitación del griego κόσμος, redujo de nuevo en ocasiones su significado y pasó a designar el (este) "mundo", peyorativo, por oposición al cielo:

> *Vulg., Io* 18,36 *regnum meum non est de hoc mundo* (mi reino no es de este mundo).
> Aug., *serm.* 46, 12,28 *auctores mundi* (escritores profanos).

Derivados de él son *mundanus*, creación de Cicerón (*Tusc.* V 3,108) para traducir κόσμιος, que luego no se retoma hasta época tardía; *mundialis* (latín eclesiástico) y *mundalis, supermundalis*. Abundan los compuestos poéticos, a imitación de los griegos formados sobre κόσμο-: *mundiger, mundipotens, mundivagus, intermundia, -orum* (neutro plural), neologismo de Cicerón para traducir el griego μετακόσμια con el que se designaban los espacios entre los supuestos diversos mundos existentes según los epicúreos (Cic., *nat. deor.* I 18).

A pesar de su posible cercanía semántica[67] no es seguro que *mundus* "cielo", cuyo uso pudo verse influenciado por el del griego κόσμος ("orden, ornamento, joyería"), y *mundus* "toilette" sean la misma palabra.

La etimología es desconocida. La hipótesis de un origen etrusco no se puede verificar, ya que no sabemos el significado de *munθ-*, con el que se lo conectaría.

3. "Cosmos", sinónimo de los dos anteriores (*DLE*: "1. Universo; 2. Espacio exterior a la Tierra") no es otra cosa que el griego κόσμος, "universo" y "ornamento", llegado hasta nosotros a través del latín *cosmos*.

Κόσμος era "orden, decoro, buen comportamiento, ornamento". Recuérdense nuestros "cosmético" y "cosmética", del griego κοσμητικός, "relativo al adorno". Con este sentido vemos el término en un compuesto como εὔ-κοσμος, "en buen orden". Con el otro de "mundo", "universo" lo vemos en κοσμο-ποιία ("creación del mundo") o κοσμο-πολίτης ("cosmopolita": ciudadano del mundo).

Su antónimo era χάος -εος -ους (*chaos*, "caos"), que designaba lo que primero (Aristóteles) se entendió como "espacio vacío (sin límites)" y luego como "gran sima, abismo". Se lo puede considerar emparentado con χαῦνος ("flojo, poroso, hinchado, inflado, vanidoso, frívolo") y reconocer una relación morfológica entre ambos: χάος < *χάϝος al lado de χαῦνος, como ἔρεβος y ἐρεμνός < *ἐρεβνός. Dado que el significado básico de χαῦνος bien pudo ser "suelto, con agujeros", parece bastante posible que el de χάος hubiera sido "agujero, espacio vacío, aber-

---

67. La "toilette" femenina pudo ser interpretada como su equipamiento, tomando la imagen del mundo.

tura bostezante"[68]. De este modo ambos, χάος y χαῦνος, se habrían relacionado con χάσκω, χαίνω, χανεῖν ("abrirse, entreabrirse, bostezar"), χάσμα ("abertura, sima, abismo inmenso"), etc.

4. "Orbe" remonta al latín *orbis, -is (orbs)*: "disco, objeto redondo y plano, círculo (plano o hueco, por oposición a *globus*)", especialmente en determinadas expresiones: *orbis terrae / terrarum* ("el círculo de la(s) tierra(s)"); *orbem facere* (militar: "formar un círculo"); en astronomía: "círculo del Zodíaco"[69]; *orbis lacteus* "la vía láctea"[70]; órbita, rueda[71]. Derivados de este *orbis* son *orbita* ("órbita", "rodada") o *exorbitare* ("salirse de la ruta").

La etimología de *orbis* es muy discutida: se ha reconstruido un **h2(o)r-dhh1-i-,* interpretándolo como "donde se sujetan los radios (de una rueda)", explicación que, aunque formalmente posible, carece de correspondencias efectivas en otras lenguas indoeuropeas. Se ha postulado un **h1ōrbh –(i-)* para el latín (aunque también puede ser ** h1orbh -i-,* si la vocal larga del Tocario es secundaria). Se ha propuesto una conexión con *urbs* ("urbe", "ciudad"). Se ha pensado que *orbis* podría derivar del protoindoeuropeo **h3erbh-* 'girar' (**h2erbh-* no puede excluirse completamente), significado al que se llega por referencia al verbo hitita *harp-* "cambiar de lealtad, unirse". El latín *orbita* y el umbro *urfeta* pueden

---

68. Como el *mundus patet* que hemos recogido en nota anterior.

69. El *signifer*, es decir, "portador de signos", de las constelaciones: cf. Le Boeuffle 1987, *s.v.*

70. Cf. Le Boeuffle 1987, *s.v. lacteus.*

71. Sobre los principales sentidos de *orbis* en la astrología romana, cf. Le Boeuffle 1987, *loc. cit.*

remontarse a la misma preforma protoitálica *orfi/eta-*, con restauración vocálica en la segunda sílaba en umbro. Dicha forma se ha analizado a partir de un tema en *-t* originario, *orfi-t-* ("parecido a una rueda"), que a su vez habría derivado de un sustantivo de tema en *-i*, *orbh -i-* ("cosa que gira, rueda") del que *orbis* podría derivar directamente.

5. "Círculo", en geometría "área o superficie plana contenida dentro de una circunferencia" (*DLE*), no es otra cosa que el latín *circulus*, un diminutivo de *circus*.

Este *circus, -i* (de donde nuestros "circo" y "cerco"), atestiguado desde Plauto, significó, en principio, "círculo", sentido con el que luego fue suplantado por el diminutivo *circulus*, que es el más usado en la prosa. *Circus*, que se redujo al lenguaje poético, es reconocible en la base de formaciones adverbiales, como *circum*, *circa*, *circiter* ("en torno", "alrededor") o *idcirco* ("en consecuencia"), y de otros derivados, como el verbo *circulor* ("circular"), y compuestos, como *circumduco* ("rodear"), *circumferentia* ("circunferencia") o *circumitus* ("circuito" = περίοδος, "período").

Equivalente en lo semántico al griego κύκλος, se admite su parentesco con el griego κίρκος o κρίκος e incluso la posibilidad de que proceda de ellos. No es demostrable, en cambio, que *circus* presente una reduplicación parcial (*ki-kr-o-*) del elemento *kr* presente en *curvus* ("curvo").

Ambos, *circus* y *circulus*, apuntan a la entidad circular de la esfera celeste y a la trayectoria de los cuerpos que por ella se desplazan. Ambos pueden designar también los círculos que ocasionalmente se forman alrededor del Sol o de la Luna o la imagen de ésta en el plenilunio.

6. "Globo", del latín *globus, -i*, se emplea (*DLE*) tanto con el sentido de "bola", "esfera" (sólido delimitado por

una esfera), "masa redonda y compacta", como con el de "Tierra", nuestro planeta, y con el de "mundo, orbe".

El latín *globus, -i* significaba tanto, en general, "globo, bola" como específicamente la "esfera", junto al "círculo" entre las de superficie (*planae*); una de las principales formas geométricas tridimensionales (*solidae*)[72]. De él deriva el adjetivo *globosus* "redondo".

Se trata probablemente de un préstamo, relacionado con *glēba* ("gleba", "terrón de tierra"; de donde *glebarius*, "destripaterrones"), forma atestiguada en otras lenguas indoeuropeas, que, si es la primaria frente a la variante *glaeba*, podría representar una formación en grado *e* (*glēb-*) frente al grado *o* (*glob-*) de *globus*. Ambas podrían remontar a unas anteriores *gleb(h)- /*glob(h)-*.

7. "Esfera" no es otra cosa que el latín *sphaera*, como éste, a su vez, no es sino el griego σφαῖρα: el volumen delimitado por una esfera, es decir (*DLE*), por la "superficie curva formada por los puntos que equidistan de otro interior llamado centro". A base de σφαῖρα / *sphaîra* y ἀτμός (*atmós*: 'vapor, aire') se formó el neolatinismo culto *atmosphaera*[73], "atmósfera"[74], que (*DLE* 1), alternando frecuentemente con "aire, cielo, éter, firmamento", designa la "capa gaseosa que rodea la Tierra y otros cuerpos celestes".

72. Cic., *nat. deor.* II 47 *cumque duae formae praestantissimae sint, ex solidis* globus *(sic enim* σφαῖραν *interpretari placet), ex planis autem* circulus *aut* orbis*, qui* κύκλος *Graece dicitur.*

73. *OED*, *s.v.*: desde 1638.

74. De suyo (cf. Corominas-Pascual, *s.v.*: desde1709), debería acentuarse "atmosfera", según muestran otras formaciones vecinas, como "biosfera", "estratosfera", etc.

La adopción del griego σφαῖρα por parte de los latinos está documentada ya en Catón con el sentido de "bola". A partir de Cicerón lo vemos usado, sobre todo en el lenguaje filosófico, con el de "esfera" celeste. Es el término preferido por los prosistas para referirse a la cavidad cóncava del cielo[75].

La formación griega, similar a otras como πεῖρα, σπεῖρα o μοῖρα, no tiene parientes en otras lenguas. En ocasiones se la ha conectado con σπαίρω ("palpitar, convulsionar") sin base semántica suficiente.

Sobre el concepto y la expresión "música de las esferas", que convive con la de "música celestial", dentro del ámbito de la llamada desde Boecio "música del mundo", cf. Luque 2023.

8. "Cielo", del latín *caelum*, es (*DLE* 1.) la "Esfera aparente azul y diáfana que rodea la Tierra" y 2. "la atmósfera (‖ capa que rodea la Tierra), viniendo así a coincidir con "firmamento, aire, atmósfera, esfera, azul"".

El latín *caelum* (también *cael*[76]–arcaico–, *coelum*, *celum* –tardíos– y *caelus* –personificado–)[77], *-i* se corresponde con el griego οὐρανός. Los cristianos lo usaron también en plural "los cielos", *caeli, -ōrum*, traduciendo el griego οὐρανοί, que, a su vez, reproducía el hebreo.

---

75. Le Boeuffle 1987, *s.v.*

76. Posible variante a partir del nominativo singular **kailos*, como *famul* frente a *famulus* ("sirviente") y tal vez *vigil* frente a **uigilis* ("vigilante nocturno").

77. Tal vez de un protoitálico **kailo* ("cielo" y de un protoindoeuropeo **keh₂i-lo-* "totalidad").

Destinado a extenderse en todo el ámbito románico (Meyer-Lübke 1466), entre sus derivados se cuentan *caeles, -itis*[78] ("morador del cielo" ≈ divinidad), *caelestis*[79] ("celeste", "celestial", antónimo de *terrestris*, que se corresponde con el griego οὐράνιος) y *caerul(e)us* ("del color del cielo": "cerúleo", "celeste", "azul")[80].

Los antiguos propusieron para *caelum* diversas etimologías[81], pero hoy no se le reconoce ninguna correspondencia en otras lenguas indoeuropeas. Se lo ha conectado con formas germánicas y bálticas que indican "claridad". Se lo ha intentado explicar a partir del galés *coel* ("presagio") y del antiguo bretón *coel* ("sacerdote"), que remontarían al protocelta **kailo/ā-*("presagio"). No hay que olvidar que entre los pueblos itálicos la observación del vuelo de las aves era una práctica adivinatoria habitual y que hay indicios de que también la cultivaron los celtas. Quizás, entonces, *caelum* (a partir de *caedere*: *caid(s) lom) fijó su sentido en el ámbito de los augurios, como "la totalidad", en contraste con *templum*, "la parte"[82].

Caelum, como espacio delimitado por el horizonte terrestre, era, ante todo, "cielo diurno", un concepto más

---

78. Tal vez de un protoitálico **kail-it-*.

79 A base del sufijo *-estris*, propio de adjetivos de lugar (cf. *terrestris*), aunque con la variante disimilada *-estis*, que vemos en *agrestis*.

80. Con disimilación a partir de **caeluleus* y con los matices de color según se entendiera cielo diurno o nocturno: Le Boeuffle 1987, *s.v.*

81. La más extendida es la que lo relacionaba con *caelare* "cincelar" (Varrón, *ling. Lat.* V 18; *Men.*420; Cicerón, *Verr.* III 129; Plinio, *nat.* II 8; Isid., *orig.* III 31,1), por tener "cinceladas" tantas figuras y ornamentos.

82. Espacio circunscrito, trazado en el cielo como zona de observación por el bastón del oficiante de los augurios: recuérdese el verbo *contemplo(r)*, "observar atentamente", "contemplar".

meteorológico que astronómico, con su aspecto cambiante desde el alba al crepúsculo, sus posibles nubes y demás fenómenos meteorológicos; entidad atmosférica que mantuvo cuando también se entendió como "cielo nocturno". El cielo se entendió, así, comúnmente entre la Tierra y los astros y más exactamente en el espacio supralunar en el que se desenvuelven los planetas y las estrellas. Era esa profunda bóveda estrellada en continuo movimiento circular; una bóveda sólida (Empédocles, Anaxágoras) o una envoltura ígnea; de ahí su concurrencia con *firmamentum* y con *aether.*

Caelum, en cuanto que cavidad celeste, es ocasionalmente evocado con la palabra *co(h)um*, que los gramáticos solían relacionar con *chaos*:

> P. Festo 39 M (34,28 Lind.) "al cielo le dijeron los poetas *cohum*, procedente de *chao*, a partir del cual pensaban que se había formado *caelum*".
>
> Diom., *GLK* I 365,16 "*cohum*, en efecto, entre los antiguos significa *mundum*".

Por lo demás, los poetas republicanos con frecuencia relacionaban *caelum* con *cavum* y con *caverna.*

La enorme belleza del *caelum* y la de los cuerpos luminosos que albergaba hizo que se lo concibiera como lugar de felicidad suprema que se ofrece como recompensa a quienes lo merecen; entre ellos a aquellos que por sus méritos llegan a convertirse en estrellas (catasterismo).

Caelum, en fin, al igual que el griego οὐρανός, llegó a designar también el mundo entero, entrando en concurrencia con *mundus.*

9. "Firmamento", del latín *firmamentum*, es (*DLE*) en su origen el "apoyo o cimiento sobre el que se afirma algo", pero se usa, sobre todo, con el sentido de "bóveda celeste

en que están aparentemente los astros", es decir, como sinónimo de "cielo, espacio, éter, universo, cosmos".

Firmamentum, *-i* es un derivado del verbo *firmo* ("afirmar, fundamentar"); su valor instrumental lo pone de manifiesto el productivo sufijo *-mentum*.

Atestiguado desde el comediógrafo Lucio Afranio (s. II a. C.), falta en muchos importantes escritores (Catulo, Varrón, Salustio, Nepote, Virgilio, Horacio, Tibulo, Propercio, Vitrubio, Plinio, *nat.*, Plinio, *epist.*), siendo, en cambio, frecuente entre los rétores, desde el tratado *ad Herennium* y Cicerón, y luego entre los escritores eclesiásticos.

En sentido estricto significa "cimiento" (*munimentum*) de una edificación. En un sentido más general o figurado, referido tanto a hombres como a cosas, coincide con "fundamento" (*fundamentum*), sobre todo cuando se habla de una argumentación. De ahí su uso como tecnicismo retórico designando la parte de un discurso que contiene la argumentación del acusador o del defensor.

En latín bíblico y eclesiástico se usó profusamente como sinónimo de *caelum* en correspondencia con el griego στερέωμα ("construcción sólida, fundamento, fuerza, robustez, firmeza"). Así se lee ya en el *Génesis*:

> *Vulg.*, *gen.* 1,6 "dijo también Dios: hágase el firmamento (*firmamentum*) en medio de las aguas: y divida unas aguas de otras aguas. [7] E hizo Dios el firmamento y dividió las aguas que estaban bajo el firmamento de estas que estaban sobre el firmamento. Y se hizo así. [8] Y llamó Dios 'firmamento' al cielo"[83]

---

83. *Dixit quoque Deus: Fiat firmamentum in medio aquarum: et dividat aquas ab aquis.* [7] *Et fecit Deus firmamentum, divisitque aquas, quae erant sub firmamento, ab his, quae erant super firmamentum. Et factum est ita.* [8] *Vocavitque Deus firmamentum, Caelum.*

y así luego sin cesar, siguiendo expresa o tácitamente las *Escrituras*, en los autores cristianos, que o bien identifican simplemente *firmamentum* y *caelum*[84] o justifican la identificación a partir de aquel poderoso muro de contención que puso Dios en el cielo separando las supuestas aguas de arriba de estas de aquí abajo[85].

10. Éter. El español "éter", pervivencia del latín *aether* y éste del griego αἰθήρ[86], es, como tecnicismo de la física, (*DLE*, 3.) el "Fluido sutil, invisible, imponderable y elástico que se suponía que llenaba todo el espacio y, por su movimiento vibratorio, transmitía la luz, el calor y otras formas de energía". En sentido poético es (1.) la "esfera aparente que rodea a la Tierra", sinónimo, por tanto, de "cielo", "cosmos", etc.

Aristóteles dedicó el libro tercero de su tratado *Sobre el cielo* al estudio de los cuatro elementos inferiores sublunares (el aire, el agua, el fuego, la tierra), a su generación y corrupción. El cuarto, a las "potencias" o propiedades de dichos elementos, que se mueven hacia arriba y hacia abajo en virtud de su gravedad o levedad. [17] El cielo, el mundo supralunar, deducía [18] el filósofo que se halla constituido por un elemento específico (él lo identificaba con el éter), distinto de los cuatro del mundo inferior; este quinto elemento, tradicionalmente denominado "quinta esencia" (*quinta essentia*, Πέμπτη οὐσία) [19], se halla

---

84. Cf., por ejemplo, Aug. *civ.* 12, 20; Mar. Vict.,. *in Ephes.* 4, 10.
85 Isid., *nat.* 13,1.
86. De la misma raíz del verbo αἴθειν, "arder, quemarse"; un fuego que no destruye sino que dα vida a los elementos del universo. *Aether*, por tanto, es entre los latinos un tecnicismo importado.

dotado de movimiento circular, movimiento que, frente a los de ascenso y descenso de los elementos inferiores, que se contraponen mutuamente, no tiene otro contrario, lo cual lo convierte en un "movimiento sin cambio" y hace que el cuerpo que lo experimenta, es decir, dicho quinto elemento, no se halle sometido a ningún tipo de alteración, no se genere ni se corrompa. De suyo, dicho elemento celestial en virtud de este movimiento circular permanece siempre en el mismo lugar, su lugar natural, en las órbitas supralunares.

Es la doctrina que, con ligeras variantes, vemos perpetuada, tal como reflejan luego los escritos "técnicos" latinos, que en ocasiones identifican estas regiones celestiales con la divinidad:

> Cicerón, *nat. deor.* 1, 37 "Por su parte, Cleantes[87]… tan pronto dice que el mundo es propiamente un dios, como atribuye esta denominación a la mente y espíritu de la naturaleza entera, o juzga que es un dios indudable el resplandor sumamente remoto y elevado –extendido por doquier, como una linde que todo lo ciñe y abraza– al que se denomina 'éter'; II 91 Resulta que, en primer lugar, la tierra, situada en el centro del mundo se encuentra rodeada por todas partes de esa naturaleza provista de vida y de carácter respirable cuyo nombre es 'aire'… A este aire, a su vez, lo abraza el inmenso 'éter', al que conforman los fuegos más elevados[88].

---

87. Filósofo estoico, discípulo y sucesor de Zenón, ss. IV-III a. C.

88. *Cleanthes autem, qui Zenonem audivit una cum eo, quem proxime nominavi, tum ipsum mundum deum dicit esse, tum totius naturae menti atque animo tribuit hoc nomen, tum ultimum et altissimum atque undique circumfusum et extremum omnia cingentem atque conplexum ardorem, qui aether nominetur, certissimum deum iudicat;* II

Plinio, *nat.* II 48 "Desde luego, los vuelos más eleva-
dos de los pájaros sirven de comprobación de que las som-
bras desaparecen en el espacio, así que el límite de ellas es
el final del aire y el comienzo del éter, por encima de la luna
todo es nítido y lleno de luz..."[89].

Séneca., *nat.* VI 16,2 "todo este cielo que el ígneo éter,
parte suprema del mundo, encierra[90].

A su vez, *aether* en latín, documentado ya en Ennio,
es un término frecuente en los poetas:

Lucr. V 1205 "pues, cuando alzamos la mirada a
los celestiales templos y al éter claveteado de estrellas
centelleantes[91].

---

91 *Principio enim terra sita in media parte mundi circumfusa undique
est hac animali spirabilique natura, cui nomen est aer — Graecum illud
quidem, sed perceptum iam tamen usu a nostris; tritum est enim pro
Latino. Hunc rursus amplectitur inmensus aether, qui constat ex altis-
simis ignibus (mutuemur hoc quoque verbum dicaturque tam aether
Latine, quam dicitur aer, etsi interpretatur Pacuvius: 'hoc_a quod
memoro, nostri caelum, Grai perhibent aethera' — quasi vero non
Graius hoc dicat. 'At Latine loquitur.' Si quidem nos non quasi Graece
loquentem audiamus; docet idem alio loco: 'Graiugena: de isto aperit
ipsa oratio.').* Trad. Escobar, Madrid, 1999, BCG 269.

89. *spatio quidem consumi umbras indicio sunt volucrum praeal-
ti volatus. ergo confinium illis est aeris terminus initiumque aetheris.
supra lunam pura omnia ac diurnae lucis plena. a nobis autem per
noctem cernuntur sidera, ut reliqua lumina est tenebris.* Trad. Fontán-
Moure, Madrid, BCG 206, 1995.

90. *totum hoc caelum, quod igneus aether, mundi summa pars,
claudit.*

91. *nam cum suspicimus magni caelestia mundi || templa super
stellisque micantibus aethera fixum.*

Unido con frecuencia a nombres como *terra* o *mare* y similares, se lo vincula asiduamente con *aer* (el aire)[92] y *caelum*[93] (el cielo), identificándolo incluso con éste último. Se lo considera sede de los dioses[94] y se lo califica de "eterno" (*aeternus*), "sagrado" (*sacer*), "todopoderoso" (*omnipotens*); así como de "reluciente por completo" (*perlucens*), "resplandeciente" (*candidus*), "áureo" (*aureus*), "nítido" (*nitidus*), "blanco" (*albus*), "puro" (*purus*[95], *purior*), "ligero, sutil, ingrávido, transparente" (*levis, gravitate carens, liquidus*), "sin nubes" (*innubilus, liber nubibus*), cerúleo (*caeruleus*); e igualmente de "inmenso", "sin medida" (*inmensus, inmoderatus, vastus*), "grande" (*magnus, maximus*), "profundo" (*altus, profundus*), "alto", "elevado" (*altus, sublimis, arduus*)[96].

Derivado de *aether* es el adjetivo *aetherius* (αἰθέριος), escrito a veces *aethereus* quizás por influencia de *sidereus*, perpetuado en nuestro "etéreo", que, como antónimo de "corpóreo", usamos (*DLE*) con los sentidos de "1. Per-

92. Con frecuencia como la parte superior del aire. Su límite inferior se establece normalmente en la esfera de la Luna. El límite superior del éter es de ordinario la esfera de las estrellas fijas, que rodea a todas las demás. A veces, en cambio, se habla (Cic., *nat. deor.* II 54 s.; Verg., *ecl.* 5,56 s.) de una novena esfera superior (*orbis anastros*), de fuego especialmente puro, que rodeaba y cohesionaba todo el universo.

93. O sinónimos como *mundus.*

94. A veces, como he dicho, se lo identifica con la divinidad e incluso se lo emplea como nombre propio.

95. Adjetivo aplicado con frecuencia al cielo, en especial al cielo raso, sin nubes. Puede incluso que el neutro singular se empleara a veces (por ejemplo, Horacio, *carm.* I 34,7 *per purum*) sustantivado, "lo puro", con el sentido de "cielo sin nubes": cf. Luque 2025.

96. Cf. Le Boeuffle 1987, *s.v.*

teneciente o relativo al éter. 2. Poét. Perteneciente o relativo al cielo. 3. Poét. Vago, sutil, vaporoso".

11. "Espacio" es (*DLE* 1.) la "extensión que contiene toda la materia existente", empleándose como "más o
menos sinónimo de universo, cosmos, cielo, firmamento,
éter". En astronomía se habla de "espacio exterior" o "espacio sidéreo" para hacer referencia (3.) a la "región del
universo que se encuentra más allá de la atmósfera terrestre", el "espacio que ocupan las órbitas de los planetas en
su movimiento alrededor del Sol".

El latín *spatium, -i*, de donde proviene "espacio", significa "extensión, distancia, intervalo –también hablando
del tiempo– y se emplea mucho con el sentido de "espacio reservado para el paseo" (e incluso "paseo"); "pista o
estadio para las carreras": *spatium decurrere* "recorrer el
espacio".

Usado en todas las épocas, perduró luego en las lenguas romances (Meyer-Lübke 8129).

Entre sus derivados figura el verbo *spatior* "pasearse"
o, en época imperial, el adjetivo *spatiosus*.

¿Guarda relación con el verbo *pateo* ("extenderse")?
Habría que suponer una raíz *spat-* al lado de *pat-* < **peth$_2$-*.

Mommsen lo interpretó como un préstamo del grie-
go-dórico σπάδιον en vez de στάδιον, pero no es seguro
que su sentido primario fuera el de "pista" o "estadio".
Además, para dar cuenta de la *t* en vez de la *p* no parece
verosímil la hipótesis de un intermediario etrusco.

En teoría explicarlo como derivado de un **sph1 -to-*
("prosperado, engordado" > "extendido") no sería imposible, pero faltan datos que la confirmen.

12. El "infinito". El adjetivo "infinito" se aplica (*DLE*) en primer lugar a aquello que "no tiene ni puede tener fin ni término". También a (2.) lo "muy numeroso o enorme". Funciona, así, como sinónimo de "ilimitado, inagotable, incalculable, incontable, indefinido, interminable, eterno, perenne", en oposición a "finito, limitado". Sustantivado, "el infinito", es (3.) un "lugar impreciso en su lejanía y vaguedad".

Son en líneas generales los usos que tuvo en latín el adjetivo *infinitus, -a, -um*, al que remonta el nuestro[97], cuyo neutro singular también se sustantivaba: *infinitum, -i.*

En el mismo horizonte se mueve "infinidad"[98] (*DLE* 1."cualidad de infinito"; 2. "gran número y muchedumbre de cosas o personas"), que continúa el latín *infinitas, -tātis* ("inmensidad, extensión infinita": traducción del griego ἀπειρία o ἀοριστία), documentado desde Cicerón y extendido (Plinio lo usó una sola vez) luego a partir del siglo IV. Se aplica tanto al número como al tiempo (*aeternitas*) y al espacio.

El neutro sustantivado *infinitum* lo vemos en expresiones como *in/ad infinitum* ("hasta el infinito": cf. Gr. Εἰς ἄπειρον) así como designando lo infinito, lo inmenso (Cic., *p. red. in sen.* 2; *orat.* 104):

> Varro, *ling.* V 1 "Pitágoras de Samos dice que los principios de todas las cosas son pares, como lo finito y lo infinito, lo bueno y lo malo, la vida y la muerte, el día y la noche"[99].

---

97. La forma "infinido, -a" no está en uso.

98. "Infinitud" (*DLE*: "cualidad de infinito") parece continuar un *infinitudo, -inis*, no documentado hasta fechas recientes.

99. *Pythagoras Samius ait omnium rerum initia esse bina ut* finitum *et* infinitum, *bonum et malum, vitam et mortem, diem et noctem.*

Plin., *nat.* 1, 15, 8 "hay espejos que... pueden aumentar el rostro hasta el infinito[100].

O bien un espacio infinito o bien, simplemente, el espacio, de donde, según Lucrecio (I 996; 1036; II 530; V 364), surgen los cuerpos. Un infinito identificado a veces con el aire (*aer*: Plin., *nat.* II 102), a veces con el cielo (Sen. *Benef.* 3, 20):

Sen. *Benef.* 3, 20 "la mente, desde luego, por derecho propio... emprende acciones ingentes y sale fuera hasta el infinito, en la comitiva de los del cielo"[101].

Plin., *nat.* II 102 "Debajo de la Luna esta sede (sedes) y la de mucho más abajo... mezclando un infinito de aire de la naturaleza de más arriba y un infinito del aliento terrenal..."[102].

13. Naturaleza. La "naturaleza", según el *DLE*, además de (1.) Principio generador del desarrollo armónico y la plenitud de cada ser, en cuanto tal ser, siguiendo su propia e independiente evolución" y de (3.) el "Medio físico en el que coexisten los seres vivos y los inertes al margen de la vida urbana ("medio, ambiente, natura, hábitat, campo, ecosistema)", es (2.) el "Conjunto de todo lo que existe y que está determinado y armonizado en sus propias leyes", coincidiendo así con "natura, creación, cosmos".

---

100. *sunt specula, quae faciem... in* infinitum *augeant.*

101. *mens quidem sui iuris, quae adeo libera et uaga est, ut ne ab hoc quidem carcere, cui inclusa est, teneri queat, quo minus inpetu suo utatur et ingentia agat et in infinitum comes caelestibus exeat.*

102. *infra lunam haec sedes multoque inferior... infinitum ex superiore natura aëris, infinitum et terreni halitus miscens...*

El latín *natura* significa: (1.) "nacimiento", (3.) "elemento", "sustancia", término filosófico equivalente al griego φύσις; (4.) "órganos genitales" Significa asimismo (2.) "naturaleza", "entidad natural", "orden natural", en el sentido en que, traduciendo el griego περὶ φύσεος tituló Lucrecio su grandioso poema de "física": *De rerum natura*, "Sobre la naturaleza de las cosas"[103].

> Lucr. V 367 "Ahora bien, según he enseñado, ni *la naturaleza* del mundo viene a ser de cuerpo macizo, ya que hay mezclado en las cosas vacío, [365] ni es, sin embargo, como el vacío, ni de otra parte faltan cuerpos que, surgiendo del infinito, tal vez puedan..."[104].

De *natura* procede el adjetivo *naturalis* ("natural"), del cual, a su vez, derivan en la baja latinidad *naturaliter, naturalitas*, etc. Nuestro "naturaleza" está creado a base de dicho adjetivo más el sufijo *-eza*[105], que remonta al latino *-itia*[106].

Se integran todas estas formaciones en una extensa familia surgida de la raíz *gen / gon / gn*, ampliamente difundida en casi todas las lenguas indoeuropeas:

> *genitus* ("engendrado"), *genus* ("género, linaje"), *gens* ("gente"); *genius*, *genialis* ("genio", "genial"), *indigena*,

---

103. "De la naturaleza", "De la realidad", "La naturaleza", según tres recientes traductores de la obra.

104. Lucr. V 367 *at neque, uti docui, solido cum corpore* || *naturast, quoniam admixtumst in rebus inane,* [365] *nec tamen est ut inane, neque autem corpora desunt,* || *ex* infinito *quae possint.* Trad. Socas. Madrid, BCG 316, 2003.

105. Alvar-Pottier 1983, § 283.

106. Cf. Cooper 1895, § 13.

alienigena, *gigno* ("engendrar"), *(g)nascor* ("nacer"), *(g)natus* ("nacimiento", "nacido"), *innatus* ("innato"), *cognatus* ("cuñado"); *natalis* ("natal"), *natalicius* ("natalicio"), *nativus* ("nativo"), *natio* ("nación"), *gonorrhoea* (γονόρροια, "gonorrea", "flujo seminal"), "gónada" (γονή).

En suma, el latín *natura* no se puede desligar del griego ἡ φύσις o ἡ τοῦ παντὸς φύσις. Tanto en los poetas como en los prosistas mantiene su acepción cósmica que viene muchas veces subrayada por adjetivos como *omnis, tota, universa* o determinantes como el genitivo *rerum. Natura*, así, es más abstracto que *mundus* y se distingue también de él designando la totalidad de aquellos muchos mundos posibles según la hipótesis epicúrea mencionada. *Natura,* de este modo, se aproxima a "creación" con lo que ésta conlleva de causalidad y de espontaneidad.

14. "Creación", además de (*DLE*, 1.) "acción y efecto de crear" (es decir, "producción, formación, invención, fabricación, innovación" / "destrucción") y de (3.) "Obra relevante artística, literaria, arquitectónica, musical o científica" (o sea, "obra, invento, producción, invención") tiene (2.) en la tradición judeocristiana, el significado de "conjunto de todo lo existente. La creación", sentido con el que funciona como sinónimo de "mundo, universo, cosmos, orbe".

Con su antecedente latino, *creatio, -ōnis*, ocurre otro tanto. Sustantivo formado a partir del verbo *creare* ("crear", "criar"), se relaciona no sólo con *creatrix* ("creadora", "madre"), *creator* ("creador"), *creatura* ("cre/iatura"), sino también probablemente con *crescere* ("crecer"), *procerus* ("alargado, alto, grande"), *procer* ("prócer"), *creber* ("apretado", "denso", "frecuente"), *Ceres* (diosa de la agricultura), *Cerealis, -e* ("de Ceres", "cereal").

Creatio, además de elección y/o nombramiento de alguien para un cargo o magistratura y de procreación de hijos, es, ante todo[107], la acción de "crear" (*creare*) y, más en concreto, ya en el latín bíblico y cristiano, la acción de Dios, creador de todas las cosas. Secundariamente *creatio* era también ya en latín el conjunto de todo lo creado por Dios, las cre/iaturas (*creatura*), la creación.

De ahí su concurrencia con casi todos los demás términos que hemos descrito.

A MODO DE CONCLUSIÓN

He aquí, pues, lo que nos ha parecido más relevante en esta familia o comunidad léxica. La lista no es, ni se ha pretendido, exhaustiva; aún cabrían en ella, por ejemplo, varios adjetivos, algunos susceptibles de sustantivación, como "(lo) eterno" (*DLE*:1. Que no tiene principio ni fin.), "(el) vacío" (*inane*[108]), (lo) "inmenso" (*inmensum*); cabrían sustantivos como "espíritu" (*spiritus*), "aliento" o "exhalación" (*halitus*), etc., etc.

Lo más relevante aquí y ahora para nosotros es que esta multiplicidad terminológica delata en sí misma, como empezamos diciendo, lo complejo, admirable, inconmensurable de la realidad que se pretende designar: inmensa, deslumbrante, maravillosa; difícil (¿imposible?), por tanto, no ya de definir o describir sino incluso de nominar de una manera unívoca.

---

107. Otro tanto sucede, *mutatis mutandis*, con *creator* o *creatrix*.

108. Sobre sus sentidos técnicos entre los escritores romanos, cf. Le Boeuffle 1987, *s.v.*

La consideración conjunta, sin embargo, de esta rica terminología permite valorar los semas predominantes en ella y apreciar así la imagen general que en esta nuestra cultura, grecorromana, se ha tenido del universo. Se integran en dicha concepción los semas de redondez-circularidad-rotación (retorno), de universalidad-totalidad, de inmensidad-infinitud-¿inmortalidad? Se integran los de orden (seguridad / abismo amenazador), de ornamento-belleza, de pureza, de azul celeste. Se integran asimismo el de identidad natural primigenia y con él el de reverencia religiosa.

Se trata, no se olvide, de una terminología bilingüe como bilingüe era el Mediterráneo en el que se desarrolló, sobre todo, desde el siglo II a. C., según la magistral formulación del poeta Horacio:

> Hor., *epist.* II 156 "Grecia ocupada ocupó a su fiero vencedor e introdujo las 'artes' en el agreste Lacio"[109].

Huelga insistir en que tener en cuenta toda esta intrincada maraña terminológica es de primera necesidad para entender con precisión los textos antiguos. Huelga asimismo insistir en la conveniencia de que nuestros físicos relean las antiguas fuentes al respecto desde la perspectiva de los modernos avances en el conocimiento de la "naturaleza de las cosas". Con esa doble convicción nos permitimos aducir algunas muestras de cómo los autores latinos fueron transmitiendo a la posteridad las doctrinas de los griegos.

---

109. *Graecia capta ferum victorem cepit et artis ‖ intulit agresti Latio.*

1. Lucrecio (97-55 a. C.), en su poema "Sobre la naturaleza de las cosas" (*De rerum natura*), se cuestionó desde los postulados del epicureísmo la entidad, corpórea o inmaterial, del mundo (el cielo, el sol, la Tierra, el mar): inmenso, infinito, pero sujeto al nacimiento y a la muerte:

> Lucr. V 364 ss. "Por contra, ni, según he enseñado, la *naturaleza del mundo* (*mundi natura*) está del lado de la corporalidad maciza (*solido cum corpore*), ya que mezclado en las cosas (*in rebus*) está el vacío (*inane*), [365] ni, en cambio, es como el vacío, ni, por lo demás, faltan cuerpos que, surgidos por azar del *infinito*, puedan derruir en violento torbellino la *suma de las cosas* (*rerum summam*) o traerle el desastre de otro peligro cualquiera, ni, por lo demás, faltan la naturaleza del lugar (*natura loci*) y el espacio del profundo (*spatium profundi*), a donde desparramarse puedan las murallas del mundo (*moenia mundi*) o pueden perecer empujadas por otra violencia cualquiera. No está, pues, la puerta de la muerte (*leti*) cerrada de antemano para el cielo (*caelo*), ni para el sol y la tierra (*soli terraeque*) ni para las profundas ondas de la llanura marina (*altas aequoris undas*), [375] sino que abierta vuelve a ellos la vista en descomunal y vasto bostezo. Por ello es necesario también que confieses que estas mismas cosas son de las que nacen (*nativa*), pues tampoco, siendo como son de cuerpo mortal (*mortali corpore*), desde un tiempo infinito (*ex infinito tempore*) hubiesen podido ya desafiar hasta ahora las poderosas fuerzas de una duración sin medida (*inmensi aevi*)"[110].

110. Lucr. V 364 *at neque, uti docui*, solido *cum* corpore mundi || natura*st, quoniam admixtumst in rebus* inane, [365] *nec tamen est ut* inane, *neque autem* corpora *desunt*, || *ex* infinito *quae possint forte coorta* || *corruere hanc* rerum *violento turbine* summam || *aut aliam quamvis cladem inportare pericli*, || *nec porro* natura *loci* spatium*que* profundi [370] *deficit, exspargi quo possint* moenia mundi, || *aut alia*

2. Cicerón (106-43 a. C.), hablando sobre la naturaleza de los dioses (*natura deorum*), sabía que desde siempre se había cuestionado en el universo su inmortalidad,
la intervención en él de una mente superior e incluso su
entidad divina:

> Cic., *nat. deor.* I 26 La creencia de Anaximandro[111]...
> [26] Después, Anaxímenes estableció que el aire (*aera*) era
> un dios, y que se lo engendraba (*gigni*) y que era inmenso
> e infinito (*inmensum et infinitum*) y siempre en movimiento
> (*semper in motu*). Como si o el aire, (*aer*) sin forma alguna
> (*sine ulla forma*) pudiera ser un dios, cuando precisamente
> un dios lo suyo es que tenga no sólo alguna apariencia sino
> la más hermosa, o a todo aquello que ha tenido un orto no
> lo alcance la mortalidad (*mortalitas*). A partir de ahí Anaxá-
> goras[112], que recibió de Anaxímenes la disciplina, quiso el
> primero que la distribución y regulación de todas las cosas
> (*omnium rerum discriptionem et modum*) fuera diseñada y
> llevada (*dissignari et confici*) a cabo por la fuerza y la plani-
> ficación (*vi ac ratione*) de una mente (νοῦς) infinita (*mentis
> infinitae*)[113].

---

quavis possunt vi pulsa perire. ‖ *Haud igitur leti praeclusa est ianua
caelo* ‖ *nec soli terraeque neque altis aequoris undis,* ‖ [375] *sed patet
immani et vasto respectat hiatu.* ‖ *quare etiam nativa necessumst confi-
teare* ‖ *haec eadem; neque enim, mortali corpore quae sunt,* ‖ *ex infinito
iam tempore adhuc potuissent* ‖ *inmensi validas.*

111. Anaximandro de Mileto (610-546 a. C.), discípulo de Tales y
maestro de Anaxímenes (588? -534 a. C.), considerado el primer físico
racionalista, ponía el principio (ἀρχή) y el fin de todas las cosas en lo
"indeterminado" (τὸ ἄπειρον), infinito y eterno.

112. 500-428 a. C.

113. Cic., *nat. deor.* I 26 *Post Anaximenes* aera *deum statuit,
eumque gigni esseque inmensum et* infinitum *et semper in motu: quasi
aut aer sine ulla forma deus esse possit, cum praesertim deum non modo
aliqua, sed pulcherrima specie deceat esse, aut non omne, quod ortum*

3. Plinio "el viejo" (ca. 23-79 d. C.), en su "Historia natural" (*Naturalis historia*) se expresaba así acerca de la entidad física de las cosas (*natura rerum*) del mundo/ cielo/aire, sobre todo en su parte inferior, sublunar:

> Plin., *nat.* II 102 "Hasta aquí lo relativo al mundo (*mundus*) en sí y sus astros (*sidera*). Ahora las restantes cosas memorables del cielo (*caelum*). En efecto, nuestros mayores llamaron "cielo", a lo que con otro nombre "aire" (*aër*), a todo lo que, semejante al vacío (*inane*), difunde este espíritu vital (*vitalis spiritus*). Debajo de la Luna esta sede (*sedes*) y la de mucho más abajo, según advierto que consta aproximadamente, mezclando un infinito de aire de la naturaleza de más arriba (*infinitum ex superiore natura aëris*) y un infinito del aliento terrenal (*infinitum terreni halitus*), configura la fusión (*confunditur*) de uno y otro lote. De aquí los nublados, los truenos y otros rayos; de aquí los granizos, las escarchas, las lluvias, las tormentas, los torbellinos; de aquí los más de los males de los mortales y la lucha de la naturaleza de las cosas (*rerum natura*) consigo misma"[114].

4. Ya en un horizonte cristiano, a la luz de las Sagradas Escrituras, san Agustín (354-430) en *La ciudad de*

---

sit, mortallius consequatur. Inde Anaxagoras, qui accepit ab Anaximene disciplinam, primus omnium rerum discriptionem et modum mentis infinitae vi ac ratione dissignari et confici voluit.

114. *Hactenus de* mundo *ipso sideribusque: nunc reliqua caeli memorabilia. namque et hoc* caelum *appellavere maiores quod alio nomine* aëra, *omne quod inani simile vitalem hunc spiritum fundit. infra lunam haec sedes multoque inferior, ut animadverto propemodum constare,* infinitum *ex superiore natura* aëris, infinitum *terreni halitus miscens utraque sorte confunditur. hinc nubila, tonitrua et alia fulmina, hinc grandines, pruinae, imbres, procellae, turbines, hinc plurima mortalium mala et rerum naturae pugna secum.*

Dios vuelve sobre la entidad del mundo en el ámbito del infinito espaciotemporal:

"Acaso por fortuna la sustancia (*substantia*) de Dios, a la que ni la incluyen ni la delimitan ni la extienden en un lugar, sino que, tal como tratándose de Dios es lo suyo sentir, la confiesan con su incorpórea presencia toda entera en todo lugar, ¿van a decir que está ausente de tantos espacios de lugares fuera del mundo y acaparada por sólo uno y, en comparación con aquella infinidad (*infinitas*), tan exiguo lugar en el que está el mundo? Mi opinión es que no van a avanzar hasta esta vanilocuencia"[115].

"Por tanto, como dicen que hay un único mundo de ingente mole corporal ciertamente, pero finito y delimitado a su propio lugar y hecho por obra de Dios, lo que responden sobre los infinitos lugares fuera del mundo por qué en ellos Dios deja de operar, respóndanse esto a sí mismos sobre los infinitos tiempos antes del mundo, por qué en ellos dejó Dios de operar"[116].

"Y, así como no es consecuente que por fortuna en vez de por una razón divina Dios hubiese establecido el mundo no en otro sino en este lugar en que está, cuando por igual entre infinitos que se ofrecían por doquier sin ningún mérito

---

115. *An forte substantiam Dei, quam nec includunt nec determinant nec distendunt loco, sed eam, sicut de Deo sentire dignum est, fatentur incorporea praesentia ubique totam, a tantis locorum extra mundum spatiis absentem esse dicturi sunt, et uno tantum atque in comparatione illius infinitatis tam exiguo loco, in quo mundus est, occupatam? Non opinor eos in haec uaniloquia progressuros.*

116. *Cum igitur unum mundum ingenti quidem mole corporea, finitum tamen et loco suo determinatum et operante Deo factum esse dicant: quod respondent de infinitis extra mundum locis, cur in eis ab opere Deus cesset, hoc sibi respondeant de infinitis ante mundum temporibus, cur in eis ab opere Deus cessaverit.*

sobresaliente pudo ser elegido éste, aunque dicha razón
divina por la que esto se hizo ninguna humana puede com-
prenderlo, así no es consecuente que estimemos que a Dios
le acaeció algo fortuito, por lo que en aquel tiempo, mejor
que en uno anterior, fundó el mundo, cuando por igual los
anteriores tiempos a lo largo de un espacio infinito hacia
atrás habían pasado y no había diferencia alguna por la que
un tiempo se antepusiera a otro tiempo al elegir"[117].

"Y si dicen que vanos son los pensamientos de los
hombres en los que se imaginan lugares infinitos, cuando
no hay lugar alguno aparte del mundo, se les responderá
que de ese modo vanamente piensan los hombres en unos
tiempos pretéritos de inactividad de Dios cuando ningún
tiempo hay antes del mundo"[118].

Aug., *civ.* XI 5 "<No hay que pensar en infinitos espacios de tiempos (*infinitis temporum spatiis*) antes del mundo
(*mundus*), como tampoco en infinitos <espacios> de lugares (*infinitis locorum*)>"[119].

"Luego hay que ver a esos que consienten con nosotros en que Dios es el fundador del mundo (*conditor mundi*)

---

117. *Et sicut non est consequens, ut fortuito potius quam ratione
divina Deus non alio, sed isto in quo est loco mundum constituerit, cum
pariter infinitis ubique patentibus nullo excellentiore merito posset hic
eligi, quamvis eandem diuinam rationem, qua id factum est nulla possit
humana conprehendere: ita non est consequens, ut Deo aliquid exis-
timemus accidisse fortuitum, quod illo potius quam anteriore tempore
condidit mundum, cum aequaliter anteriora tempora per infinitum
retro spatium praeterissent nec fuisset aliqua differentia, unde tempus
tempori eligendo praeponeretur.*

118. *Quod si dicunt inanes esse hominum cogitationes, quibus infinita imaginantur loca, cum locus nullus sit praeter mundum: respon-
detur eis isto modo inaniter homines cogitare praeterita tempora vaca-
tionis Dei, cum tempus nullum sit ante mundum.*

119. *Tam non esse cogitandum de infinitis temporum spatiis ante
mundum quam nec de infinitis locorum.*

y, sin embargo, preguntan sobre el tiempo del mundo (*de mundi tempore*) qué les respondemos; qué responden ellos mismos sobre el lugar del mundo (*de mundi loco*). Así, en efecto, como se pregunta por qué fue hecho precisamente entonces y no antes, del mismo modo se puede preguntar por qué precisamente aquí donde está y no en otro lugar"[120].

"Pues, si piensan en infinitos espacios de tiempo (*infinita spatia temporis*) antes del mundo (*mundus*), en los cuales, según su parecer, Dios no pudo cesar de obrar (*cessare ab opere*), que de manera semejante piensen en infinitos espacios de lugares (*infinita spatia locorum*) en los cuales, si alguien dijera que no pudo estar ocioso el Omnipotente (*Omnipotens*), ¿verdad que será consecuente que se vean forzados a soñar con Epicuro innumerables mundos (sólo con la diferencia de que él asegura que dichos mundos se generan y se resuelven por los movimientos fortuitos de los átomos –*fortuitis motibus atomorum*–; éstos, en cambio, tendrán que decir que son hechos por obra de Dios), si no quieren que ande ocioso por una indetermitable inmensidad de lugares (*interminabilem inmensitatem locorum*) fuera del mundo y expeditos a todo su alrededor (*circumquaque patentium*) y que esos mismos mundos, cosa que también sienten de éste, pueden disolverse por alguna causa?"[121].

120. *Deinde uidendum est, istis, qui Deum conditorem mundi esse consentiunt et tamen quaerunt de mundi tempore quid respondeamus, quid ipsi respondeant de mundi loco. Ita enim quaeritur, cur potius tunc et non antea factus sit, quem ad modum quaeri potest, cur hic potius ubi est et non alibi.*

121. *Nam si infinita spatia temporis ante mundum cogitant, in quibus eis non videtur Deus ab opere cessare potuisse, similiter cogitent extra mundum infinita spatia locorum, in quibus si quisquam dicat non potuisse vacare Omnipotentem, nonne consequens erit, ut innumerabiles mundos cum Epicuro somniare cogantur (ea tantum differentia, quod eos ille fortuitis motibus atomorum gigni asserit et resolui,*

"Tratamos, en efecto, con estos que consienten con nosotros en un Dios incorpóreo y creador de todas las naturalezas (*natura*) que no son lo que él mismo. A otros, en cambio, es demasiado indigno admitirlos a esta disertación de religión, sobre todo porque entre ellos, que juzgan que hay que ofrecerles a muchos dioses la deferencia de unos rituales, éstos han vencido a los demás filósofos en nobleza y autoridad, no por otra cosa que porque, ciertamente a un largo intervalo, aun así están más cerca de la verdad"[122].

XI 6 "<Que uno solo es el principio de la creación del mundo y de los tiempos y que una cosa no viene antes que la otra[123]>".

"Si correctamente se disciernen la eternidad (*aeternitas*) y el tiempo (*tempus*), ya que el tiempo no existe sin alguna mutabilidad móvil y en la eternidad, a su vez, no hay ninguna mutación, ¿quién no va a ver que no habrían existido tiempos si no se hiciera una criatura (*creatura*) que cambiara algo con alguna moción (*motio*)? De cuya moción y mutación (*mutatio*), cuando una cosa y otra cosa, que simultáneas no pueden ser, ceden y se suceden a intervalos

---

isti autem opere Dei factos dicturi sunt), si eum per interminabilem inmensitatem locorum extra mundum circumquaque patentium vacare noluerint, nec eosdem mundos, quod etiam de isto sentiunt, ulla causa posse dissolui?

122. *Cum his enim agimus, qui et Deum incorporeum et omnium naturarum, quae non sunt quod ipse, creatorem nobiscum sentiunt; alios autem nimis indignum est ad istam disputationem religionis admittere, maxime quod apud eos, qui multis diis sacrorum obsequium deferendum putant, isti philosophos ceteros nobilitate atque auctoritate uicerunt, non ob aliud, nisi quia longo quidem interuallo, uerum tamen reliquis propinquiores sunt ueritati.*

123. *Creationis mundi et temporum unum esse principium nec aliud alio praeveniri.*

de demora más breves o más alargados, ¿se sigue el tiempo (*tempus*)?"[124].

"Siendo, por tanto, Dios, en cuya eternidad no hay en absoluto ninguna mutación, el creador de los tiempos y su ordenador, no veo cómo se puede decir que creó el mundo después de unos espacios de tiempos (*post tempo-rum spatia*), si no se dice que antes del mundo ya existió alguna criatura en virtud de cuyos movimientos corrían los tiempos"[125].

"Si, además, las letras sagradas y sumamente vera-ces dicen que en un principio hizo Dios el cielo y la tie-rra, de modo que se entiende que antes no hizo nada, ya que más bien se diría que en un principio hizo esto, si algo hubiera hecho antes que todas las demás cosas que hizo, lejos de dudas el mundo no fue hecho en el tiempo sino con el tiempo. Lo que, en efecto, se hace en el tiempo, no sólo se hace, después de algún tiempo sino también antes de algún tiempo, después de lo que es pretérito y antes de lo que es futuro. Y ningún pretérito podría haber, porque no había ninguna criatura con cuyos movimientos mutables se llevara a cabo"[126].

---

124. *Si enim recte discernuntur aeternitas et tempus, quod tempus sine aliqua mobili mutabilitate non est, in aeternitate autem nulla mutatio est: quis non videat, quod tempora non fuissent, nisi creatura fieret, quae aliquid aliqua motione mutaret, cuius motionis et mutationis cum aliud atque aliud, quae simul esse non possunt edit atque succedit, in breviori-bus uel productioribus morarum intervallis tempus sequeretur?*

125. *Cum igitur Deus, in cuius aeternitate nulla est omnino mutatio, creator sit temporum et ordinator: quo modo dicatur post tem-porum spatia mundum creasse non video, nisi dicatur ante mundum iam aliquam fuisse creaturam, cuius motibus tempora currerent.*

126. *Porro si litterae sacrae maximeque veraces ita dicunt, in principio fecisse Deum caelum et terram, ut nihil antea fecisse intelle-gatur, quia hoc potius in principio fecisse diceretur, si quid fecisset ante cetera cuncta quae fecit: procul dubio non est mundus factus in tempore,*

"Con el tiempo, en cambio, fue hecho el mundo, si en su fundación (*conditio*) fue hecho el movimiento mutable, tal como se ve que se presenta incluso el orden aquel de los seis o siete días, en los que se nombran tanto la mañana como la tarde, hasta que todas las cosas que en estos días hizo Dios se terminaron de hacer en el día sexto y en el séptimo en medio de un gran misterio se nos confía el cese de la acción (*vacatio*) de Dios. Estos días de qué manera son es para nosotros o totalmente difícil o incluso imposible pensarlo; cuánto más decirlo"[127].

II 7 "<Sobre la índole de los primeros días, que se nos transmite que antes de que el Sol fuera hecho tuvieron tarde y mañana[128]>"

5. La pervivencia medieval de toda esta antigua concepción del mundo, y de su correspondiente terminología, la podemos ver prefigurada, por ejemplo, en san Isidoro de Sevilla (564-636), que dedicó el libro décimo tercero de sus *Origines sive Etymologiae* a hablar "Sobre el mundo y sus partes (*De mundo et partibus*)":

---

sed cum tempore. Quod enim fit in tempore, et post aliquod fit et ante aliquod tempus; post id quod praeteritum est, ante id quod futurum est; nullum autem posset esse praeteritum, quia nulla erat creatura, cuius mutabilibus motibus ageretur.

127. *Cum tempore autem factus est mundus, si in eius conditione factus est mutabilis motus, sicut videtur se habere etiam ordo ille primorum sex vel septem dierum, in quibus et mane et vespera nominantur, donec omnia, quae his diebus Deus fecit, sexto perficiantur die septimoque in magno mysterio Dei vacatio commendatur. Qui dies cuius modi sint, aut perdifficile nobis aut etiam inpossibile est cogitare, quanto magis dicere.*

128. *De qualitate primorum dierum qui antequam sol fieret vesperam et mane traduntur habuisse.*

Isid., *orig.* XIII 1 "Sobre el mundo".

"[1] El mundo (*mundus*) es el cielo y la tierra y las obras de Dios que hay en ellos. De él se dice 'y el mundo por él fue hecho'. "Mundo" en latín fue llamado por los filósofos porque, decían, está en sempiterno movimiento (*sempiternus motus*), como el cielo, el sol, la luna, el aire (*aer*), los mares. Ningún descanso, en efecto, se les ha concedido a sus elementos (*elementa*) y por ello siempre está en movimiento [2] De donde incluso animados (*animalia¹²⁹*) le parecen a Varrón los elementos (*elementa*): "porque por sí mismos –dice– se mueven"¹³⁰.

"Los griegos, en realidad, le acomodaron al mundo un nombre a partir de su ornamento (*ornamentum*), a causa de la diversidad de los elementos y de la hermosura de los astros (*sidera*). Se llama, en efecto, entre ellos *kósmos*, que significa ornamento. Nada, en efecto, más hermoso que el mundo miramos con los ojos de la carne"¹³¹.

"[3] Y (¿dice Varrón?) que son cuatro las "posiciones"¹³² (*clima¹³³*), esto es, las regiones (*plaga*) del mundo: Oriente y Occidente, Septentrión y Mediodía. [4] Oriente es deno-

---

129. Dotados de vida (*anima*), aunque también "aéreos" (de aire: *anima, spiritus*).

130. I. *DE MVNDO.* [1] *Mundus est caelum et terra, mare et quae in eis opera Dei. De quo dicitur* (Io 1,10): *"Et mundus per eum factus est". Mundus Latine a philosophis dictus, quod in sempiterno motu sit, ut caelum, sol, luna, aer, maria. Nulla enim requies eius elementis concessa est, ideoque semper in motu est.* [2] *Vnde et animalia Varroni videntur elementa. "Quoniam per semetipsa," inquit, "moventur."*

131. *Graeci vero nomen mundo de ornamento adcommodaverunt, propter diversitatem elementorum et pulchritudinum siderum. Appellatur enim apud eos KOSMOS, quod significat ornamentum. Nihil enim mundo pulchrius oculis carnis aspicimus.*

132. Distritos o partes.

133. *Clima* (κλῖμα), de suyo, es "inclinación".

minado a partir del orto del sol. Occidente, porque hace que el día caiga y se marche; le oculta, en efecto, la luz al mundo y le echa encima las tinieblas. [5] Septentrión, por su parte, se llama el eje por las siete estrellas que rotan dando vueltas en él. A este propiamente se le dice también "vórtice" ("torbellino": *vertex*) por aquello de que gira, como dijo el poeta (Virgilio, *Eneida* II 250): 'da la vuelta entre tanto el cielo'. [6] Meridión, bien porque allí el sol hace el medio día, como si 'medidies', bien porque entonces más puramente (*purius*) brilla el éter (*aether*). *Merum*, en efecto, se le dice a lo 'puro' [7]. Las puertas del cielo (*ianuae caeli*) son dos: el Oriente y el Ocaso, pues por una puerta el sol sale, por la otra se recoge. Los polos, a su vez, del mundo, dos, el Septentrión y el Meridión; en ellos, en efecto, gira el cielo"[134].

"2. Sobre los átomos"

"[1] Átomos (*atomus*) llaman los filósofos a ciertas partes de los cuerpos en el mundo tan diminutísimas que ni se ofrecen a la vista ni admiten *tomé* (τομή), esto es, sección

---

134. [3] *Quattuor autem esse climata mundi, id est plagas: Orientem et Occidentem, Septentrionem et Meridiem.* [4] *Oriens ab exortu solis est nuncupatus. Occidens, quod diem faciat occidere atque interire. Abscondit enim lumen mundo et tenebras superinducit.* [5] *Septentrio autem a septem stellis axis vocatur, quae in ipso revolutae rotantur. Hic proprie et vertex dicitur, eo quod vertitur, sicut poeta ait* (Verg. *Aen.* II 250):*Vertitur interea caelum.* [6] *Meridies, vel quia ibi sol faciat medium diem, quasi medidies, vel quia tunc purius micat aether. Merum enim purum dicitur.* [7] *Ianuae caeli duae sunt, Oriens et Occasus; nam una porta sol procedit, alia se recipit.* [8] *Cardines autem mundi duo, Septentrio et Meridies; in ipsis enim volvitur caelum.*

Sobre los términos *axis, septentrio, meridianus* o *arcticus* (de *Arctos*, "la Osa") en la astronomía romana, cf. Le Boeuffle 1987, s.vv.

(*sectio*); de donde se les dice *atomoi* (ἄτομοι). Se dice que éstos por el vacío (*inane*) de todo el mundo revolotean y son llevados para acá y para allá, como los sutilísimos polvos vertidos al interior por las ventanas se ven con los rayos del sol. De éstos pensaron ciertos filósofos de los gentiles que surgen los árboles y las hierbas y los frutos todos; que de éstos se generan (*gigni*) y constituyen el fuego y el agua y todo en general (*universa*)"[135].

"[2] Ahora bien, hay átomos o en un cuerpo o en el tiempo o en el número. En un cuerpo, como una piedra. La divides en partes y las propias partes las divides en granos, como son las arenas, y a su vez los propios granos de arena divídelos en un diminutísimo polvo, hasta que, si pudieras, llegues a alguna minucia que ya no sea posible dividirla o seccionarla. Esa es el átomo (*atomus*) en los cuerpos"[136].

"[3] En el tiempo, a su vez, el átomo se entiende así. El año, verbigracia, lo divides en meses; los meses, en días; los días, en horas; todavía las partes de las horas admiten división, hasta cuando llegues a sólo un punto de tiempo y a una pizca de momento que no pueda ser prolongada una

---

135. II. *DE ATOMIS.* [1] *Atomos philosophi vocant quasdam in mundo corporum partes tam minutissimas ut nec visui pateant nec* τομήν, *id est sectionem, recipiant; unde et* ἄτομοι *dicti sunt. Hi per inane totius mundi inrequietis motibus volitare et huc atque illuc ferri dicuntur, sicut tenuissimi pulveres qui infusi per fenestras radiis solis videntur. Ex his arbores et herbas et fruges omnes oriri, ex his ignem et aquam et universa gigni atque constare quidam philosophi gentium putaverunt.*

136. [2] *Sunt autem atomi aut in corpore, aut in tempore, aut in numero. In corpore, ut lapis. Dividis eum in partes et partes ipsas dividis in grana, veluti sunt harenae; rursumque ipsa harenae grana divide in minutissimum pulverem, donec, si possis, pervenias ad aliquam minutiam, quae iam non sit quae dividi vel secari possit. Haec est atomus in corporibus.*

diminuta duración (*morula*), y por ello ya no puede dividirse. Ésta es el átomo del tiempo"[137].

"[4] En los números, por ejemplo, ocho se dividen en
cuatro; de nuevo cuatro, en dos; después dos, en uno. El
uno, en cambio, es el átomo, porque es inseccionable. Así
también la letra: en efecto, la oración la divides en palabras;
las palabras, en sílabas; las sílabas, en letras. La letra, parte
mínima, es el átomo y no puede ser dividida. Átomo, por
tanto, es lo que no puede dividirse, como en la geometría el
punto. En efecto, *tómos* se dice en griego división (*divisio*);
átomos, "indivisión"[138].

"3. Sobre los elementos"

"[1] *Hyle* le dicen los griegos a una especie de materia
(*materia*) prima de las cosas no conformada de ningún modo
en absoluto sino capaz de todas las formas (*forma*) corpóreas,
a partir de la cual se conformaron estos elementos visibles...
A esta *Hyle* los latinos la llamaron materia (*materia*)... fuego
(*ignis*)... aire (*aer*)... agua (*aqua*)... tierra (*terra*)..."[139]

---

137. [3] *In tempore vero sic intellegitur atomus. Annum, verbi
gratia, dividis in menses, menses in dies, dies in horas; adhuc partes
horarum admittunt divisionem, quousque venias ad tantum temporis
punctum et quandam momenti stillam, ut per nullam morulam produci
possit; et ideo iam dividi non potest. Haec est atomus temporis.*

138. [4] *In numeris, ut puta octo dividuntur in quattuor, rursus
quattuor in duo, deinde duo in unum. Vnus autem atomus est, quia inse-
cabilis est. Sic et littera: nam orationem dividis in verba, verba in syl-
labas, syllabam in litteras. Littera, pars minima, atomus est, nec dividi
potest. Atomus ergo est quod dividi non potest, ut in geometria punctus.
Nam* τόμος *divisio dicitur Graece* ἄτομος, *indivisio.*

139. III. *DE ELEMENTIS.* [1] Ὕλην *Graeci rerum quandam
primam materiam dicunt, nullo prorsus modo formatam, sed omnium
corporalium formarum capacem, ex qua visibilia haec elementa
formata sunt; unde et ex eius derivatione vocabulum acceperunt. Hanc*
ὕλην *Latini materiam appellaverunt*

"4. Sobre el cielo"

"[1] Cielo (*caelum*) se le llama por aquello de que, como un vaso cincelado (*caelatum vas*) se piensa que tiene impresas, como marcas (*signum*), las luces (*lumen*) de las estrellas (*stella*). Pues cincelado se le dice a un vaso porque con el relieve de sus marcas refulge. Lo marcó, en efecto, Dios con claras luces y lo llenó; con el sol, puede verse, y con el orbe (*orbis*) fulgente de la luna y con las resplande-cientes marcas de los brillantes astros lo adornó. [De otro modo, en cambio, por ocultar (*caelare*) lo de más arriba (*superiora*)] [2] Este cielo, en cambio, se dice en griego *ouranós* a partir de *horâsthai*, esto es, de "ver", por aque-llo de que el aire (*aer*) se considera transparente y espe-cialmente puro para explorar. El cielo, en cambio, en las Escrituras sagradas se llama "firmamento" (*firmamentum*) porque se entiende que está reafirmado (*firmatum*) por el curso de los astros y por unas leyes ratificadas y fijas. [3] De cuando en cuando "cielo" se toma por el "aire" (*aer*), donde los vientos y las nubes y las borrascas y los torbelli-nos tienen lugar. Lucrecio (IV 133): "cielo, al que se le dice aire". Y el salmo dice las "que vuelan en el cielo", cuando es manifiesto que las aves vuelan en el aire. Y nosotros por costumbre a este aire lo llamamos cielo. En efecto, cuando preguntamos sobre si sereno o nublado, unas veces decimos "¿cómo está el aire?", otras "¿cómo está el cielo?"[140].

---

140. IV. *DE CAELO*. [1] *Caelum vocatum eo quod, tamquam cae-latum vas, inpressa lumina habeat stellarum veluti signa. Nam caelatum dicitur vas quod signis eminentioribus refulget. Distinxit enim eum Deus claris luminibus, et inplevit; sole scilicet et lunae orbe fulgenti et astro-rum micantium splendentibus signis adornavit. [Alias autem a superio-ra caelando.] [2] Hic autem Graece* οὐρανός *dicitur* ἀπὸ τοῦ ὁρᾶσθαι, *id est a videndo, eo quod aer perspicuus sit et ad speculandum purior. Caelum autem in Scripturis sanctis ideo firmamentum vocatur, quod sit*

"5. Sobre las partes del cielo"

"[1] Éter (*Aether*) es el lugar en que están los astros y designa aquel fuego que está separado de todo el mundo (*mundus*) hacia lo alto. Propiamente éter (*aether*) es el elemento en sí; *aethra*, de suyo, el esplendor del éter. Y es una palabra griega. [2] Esfera (*sphaera*) del cielo se le dice por aquello de que su aspecto está configurado en redondo..."[141]

"6. Sobre los círculos del cielo
7. Sobre el aire y la nube
8. Sobre el trueno
9. Sobre los rayos...".

Concepto actual del universo

Las múltiples palabras antiguas relativas al universo nos dan una idea de sus diversas concepciones a lo largo de los siglos. Es hora de considerar a la luz de la astrofísica actual, cuáles de aquellas palabras han sobrevivido y cuáles de aquellas concepciones perviven en la ciencia presente.

---

cursu siderum et ratis legibus fixisque firmatum. [3] *Interdum et caelum pro aere accipitur, ubi venti et nubes et procellae et turbines fiunt. Lucretius* (4,133): *Caelum, quod dicitur aer. Et Psalmus* (79,2; 104,12): *"Volucres caeli" appellat, cum manifestum sit aves in aere volare; et nos in consuetudine hunc aerem caelum appellamus. Nam cum de sereno vel nubilo quaerimus, aliquando dicimus, "qualis est aer?", aliquando, "quale est caelum?"*

141. V. *DE PARTIBVS CAELI.* [1] *Aether locus est in quo sidera sunt, et significat eum ignem qui a toto mundo in altum separatus est. Sane aether est ipsud elementum, aethra vero splendor aetheris, et est sermo Graecus.* [2] *Sphaera caeli dicta eo quod species eius in rotundum formata est...*

De aquellas palabras sólo dos han perdurado en el lenguaje científico para designar en conjunto todo aquello que tiene una existencia material: "universo" y "cosmos". "Universo" es la más usada y sigue teniendo la misma acepción. La palabra "cosmos" se utiliza como sinónimo. Se denomina "cosmología" a la ciencia que estudia al universo como un todo.

En cambio, cada vez se usan menos, y con significado menos preciso, los vocablos cercanos, como "cosmogonía" o "cosmografía". Se siguen utilizando "atmósfera" y "espacio", pero restringidas, la una al medio que acompaña a la Tierra en su viaje sideral, la otra al medio accesible a las misiones espaciales. No se usan como sinónimas de "universo".

La cosmología actual se distingue por su desarrollo espectacular, con una instrumentación millonaria (grandes telescopios en tierra y misiones espaciales) acompañada de una excepcional actividad teórica. El gran número de publicaciones especializadas indica la efervescencia de la investigación actual en la cosmología. Pudiera, entonces, pensarse que poco queda de la clásica cosmovisión grecolatina. Y, sin embargo, puede decirse no ya que pervivan, pero sí que nos reencontramos con algunas ideas antiguas que parecían abandonadas al olvido.

Para estudiar el universo el mundo clásico se basaba en dos herramientas fundamentales: la geometría y la música. Pero después de haber sustituido la geometría por la física en los siglos XVI o XVII nos encontramos con ciertas pautas de pensamiento similares a las que tuvieron nuestros colegas del pasado, griegos, romanos y medievales. Hoy la herramienta física básica para la explicación del universo como un todo es la teoría de la relatividad general. Esta es una teoría de la gravedad y, según ella, la gravedad es simplemente cuestión de geometría. Seguramente, nuestros colegas de antaño, Pitágoras, Hiparco, Ptolomeo habrían visto con naturalidad y placer esta fusión de física y geometría que aleó el filósofo Albert Einstein.

Otra vía clásica para entender el universo fue en su día la música[142]. Hoy, en cambio, parece que la música está expulsada de los libros de cosmología. Y, sin embargo, las observaciones más recientes de la llamada "Radiación de Fondo de Microondas" (CMB: "Cosmic Microwave Background") nos han revelado la música del universo primitivo. Esta radiación fue emitida unos trescientos ochenta mil años después del Big-Bang y, gracias a la expansión, nos permite la observación de una gran parte del universo de entonces. Las anisotropías observadas con tamaño angular inferior a un grado aproximadamente se interpretan como sonido. Hay una frecuencia básica con sus correspondientes armónicos, lo que admite perfectamente una interpretación musical. Geometría y música vuelven, por tanto, a ser válidas para explicar el universo tal como se lo entiende hoy.

Pero, ¿cómo es el universo de hoy? Contestar a esta pregunta en breve espacio es prácticamente imposible, pero no se trata de divulgar la cosmología sino de resumirla en términos filosóficos. Por especificar la intención nos preguntamos: ¿cómo expresaríamos nuestro concepto de universo a los filósofos griegos? Esto es un reto también difícil de afrontar, pero nos puede ayudar el "nombre" de nuestro universo:

142. Cf., por ejemplo, Luque 2023.

ΛCDM
A lo que habría que añadir $k=0$.

La M significa que hay "materia", cosa que a nadie puede parecerle una conclusión extravagante. Más extravagante puede parecer la D, de "dark", oscura. Hay materia, pero esta es casi toda "materia oscura", materia que no vemos y que no podemos ver. La C es, en cierto modo, tranquilizadora, pues indica frialdad ("cold", "fría"). La materia oscura es fría, lo que significa que está compuesta de partículas que desconocemos pero que se mueven con velocidades muy inferiores a la velocidad de la luz. Aunque las desconocemos, sabemos cuál es su "ecuación de estado", lo que nos dice cómo influyen en la expansión y en el enfriamiento del universo, incluso sin haber identificado el tipo de partículas involucradas. Y la letra más extraña es la Λ (lambda mayúscula), "energía oscura". Esta idea de la energía oscura procede de la "constante cosmológica" Λ, imaginada por Einstein. La energía oscura es energía que posee el vacío y que introduce en el universo una facultad expansiva, contraria a la gravitación. Lo más intranquilizante es que la energía oscura será la componente mayoritaria del universo futuro y nos conducirá a una expansión exponencial por la que todo quedará aislado de todo.

Este es el modelo que llamamos estándar plano ΛCDM, en el que la energía oscura viene representada por la llamada "constante cosmológica" Λ. En la terminología cosmológica actual, esto equivale a decir que el coeficiente de barotropía del Universo es $w = -1$ y es constante en el tiempo. Las observaciones parecen confirmarlo o, al menos, aceptarlo dentro de pequeñas barras de error. Este modelo conduce a una expansión exponencial del universo en el que no sólo todo quedará aislado de todo, sino en el que la densidad de energía oscura es constante. Siendo éste el modelo estándar, no quiere decir que no se examinen otras posibilidades. En general, se admite que w pueda tener valores diferentes del valor -1 propuesto por Einstein. En ese caso puede hablarse de modelos wCDM. Particularmente inquietantes son los modelos con w < -1, pues conducen a una singularidad de espacio infinito en un tiempo finito. Esta singularidad se llama Big-Rip y el tiempo en el que ocurrirá este final del universo se denomina "tiempo de Big-Rip". Otros modelos, llamados de "quintaesencia" suponen una variación temporal de w. Pero los valores obtenidos observacionalmente parecen respaldar el modelo estándar, w = -1 y constante en el tiempo[143].

¿Qué significa $k = 0$? Según la relatividad, el espacio-tiempo puede ser curvo. La curvatura puede ser positiva, con $k>0$, recordando una "esfera", palabra bien asumible por los filósofos togados, o bien de curvatura negativa, $k<0$, recordando una esfera de radio negativo difícil de imaginar. Pues bien; lo asombroso es que, teniendo la curvatura muchos posibles valores, positivos o negativos, parece que, dentro del error experimental, su valor es el más sencillo, $k=0$, lo que significa que el espacio no es

---

143. Estas son, por ejemplo, las obtenidas por la misión espacial PLANCK, las de "Oscilaciones Acústicas de Bariones" (BAO) por DESI (Dark Energy Spectroscopic Instrument) o por el "Chandra X-Ray Observatory". Ya llamamos la atención sobre la coincidencia entre el "Rip" de Big-Rip (desgarrón) y el RIP ("Requiescat in pace"). Obsérvese también que el término "baro-tropía" es relacionable con "en-tropía". En cuanto al término "quintaesencia" no hay que buscarle ninguna relación con su homónimo de la filosofía griega, sino, simplemente, una caprichosa denominación actual llamativa.

curvo, que corresponde a un espacio "euclídeo". Podemos imaginarnos el semblante de Euclides al oír esta conclusión de la cosmología moderna, obtenida hace muy pocos años. En realidad, no es éste el primer universo concebido por Einstein y, en cierto modo, recordemos que el mismo Euclides admitía la posibilidad de que la geometría podía ser no euclídea. Recuérdese el problema clásico del cuarto postulado de su geometría. Lo cierto es que Euclides no se hubiera pasmado al saber que, después de muchas observaciones, hoy creemos que el universo es euclídeo.

Un principio para estudiar el universo, admitido por la inmensa mayoría de los cosmólogos, es el llamado "Principio Cosmológico". Dice que el universo es homogéneo e isótropo. "Homogéneo" significa que todos los puntos del mismo son equivalentes (siempre que estemos hablando en las escalas mayores del universo, del orden de catorce mil millones de años-luz). "Isótropo"[144] significa que observamos lo mismo en cualquier dirección. En palabras más coloquiales diríamos que vivimos en un punto cualquiera del universo porque en el universo todos los puntos son un punto cualquiera. Se deduce inmediatamente que en el universo no puede haber ni centro ni bordes. Todos los puntos son equivalentes.

No hubieran comprendido este principio nuestros antepasados griegos y romanos, convencidos como estaban de que la Tierra era el centro del universo. Incluso, no lo hubiera comprendido Aristarco de Samos, que propuso que el Sol era el centro del universo. Sí, en cambio, lo hubiera aceptado con placer Giordano Bruno (1548-1600),

---

144. Nótese: de la misma estirpe que "entropía".

el ardiente filósofo, que persuadido de que las estrellas eran como soles lejanos, enunció el principio cosmológico con toda claridad, hasta tal punto que pudiera llamársele principio de Bruno. Fue quemado vivo por la Inquisición Romana en el 1600, como bien es tristemente recordado, y no solamente por sus herejías religiosas, sino también por sus convicciones cosmológicas, que también fueron consideradas heréticas.

Si este principio cosmológico se cumple a la mayor escala posible, ¿qué ocurre a la escala inmediatamente inferior, aún tan grande que se considera también un problema cosmológico y recibe las siglas de LSS (Large Scale Structure, Estructura a Gran Escala). Esto es también parte de la pregunta de cómo es el universo.

Las estrellas se agrupan en galaxias; las galaxias se agrupan en cúmulos de galaxias; los cúmulos de galaxias se agrupan en supercúmulos de galaxias... ¿podemos así continuar indefinidamente? La respuesta es negativa: los supercúmulos de galaxias se alinean en grandes "filamentos". Las regiones entre los filamentos se denominan "vacíos". Los filamentos se unen unos con otros en puntos con gran acumulación de materia. Esta es la estructura a gran escala del universo: filamentos y vacíos. Por dar una idea de la escala a la que estamos hablando, digamos que un filamento puede tener del orden de trescientos millones de años-luz.

El universo no ha sido siempre como hoy lo vemos, o mejor, como hoy no lo vemos. Su historia es compleja, a base de "eras" separadas por transiciones temporales relativamente breves llamadas "épocas". No debe ser nuestra intención describir esta historia ni cómo hemos podido llegar a conocerla. Nuestro modelo actual supone que hubo un comienzo, denominado Big-Bang , hace unos catorce mil millones de años y que desde entonces el universo se ha expandido se está expandiendo. Esta expansión consiste en una expansión de la métrica, no en una velocidad real de alejamiento de unas galaxias respecto de otras. Las galaxias se alejan sin moverse, porque crece el espacio entre ellas. Un símil aprovechable para comprender esta aparente paradoja es suponer un coche en reposo. Si la carretera es como de chicle y puede estirarse, veríamos el coche cada vez más lejos, aunque sabemos que está parado.

Según se expande el universo, la densidad y la temperatura disminuyen y, al variar estas dos magnitudes termodinámicas, varían las partículas dominantes y establecen una sucesión de "eras" diversas, separadas por "épocas". Por ejemplo, hoy la energía oscura ya es dominante. Anteriormente fue la era de la materia, hubo una era anterior en la que la luz dominaba, etc. Una época relativamente cercana en el tiempo es la llamada de "desacoplamiento de los fotones", en la cual se puede decir que nacieron las galaxias como aglomeraciones diferenciadas de materia, pero no eran aún luminosas porque aún no poseían estrellas. Las estrellas nacieron mucho más tarde. Fue en esta época cuando se emitió la Radiación de Fondo de Microondas que hoy podemos observar. Esta época tuvo lugar 380 mil años después del Big-Bang, muy poco si se compara con la edad del universo, unos 14 mil millones de años.

¿De qué está hecho el universo? Ya dijimos que básicamente tiene como componentes más importantes la energía oscura y la materia oscura. Pero, además, nos interesa conocer la composición química de los átomos de los que estamos hechos los humanos. En tiempos primigenios había hidrógeno y, debido a una nucleosíntesis primordial, ocurrida cuando el universo tenía aproximadamente un segundo de edad, se formó helio. Todos los elementos salvo el hidrógeno y el helio se han formado en las estrellas y, por tanto, en fechas muy posteriores, cuando el universo era ya diez veces más pequeño que hoy.

Tardó mucho tiempo en formarse el carbono, elemento fundamental para la vida. Los humanos somos seres carbonáceos. Esto enlaza con el otro gran problema cosmológico: en el universo hay vida. Aunque sólo la conozcamos en un solo planeta, la cosmología incluye entre sus objetivos el origen y la evolución de la vida, en un contexto astrofísico, no limitado a explicar la vida terrestre. Esto enlaza con el principio de nuestro librito porque, desde un punto de vista astrofísico, podríamos considerar a un ser vivo como un "astro" caracterizado por una bajísima entropía. No se entiende cómo la distribución de la entropía representa tal grado de heterogeneidad.

La entropía del universo

Que el universo está en expansión es un hecho bien conocido[145]. Esta expansión se deduce del llamado principio cosmológico, que dice, en términos coloquiales, como hemos visto, que todos los puntos del universo son equivalentes; no hay ni centro ni bordes. Vivimos en un punto cualquiera del universo porque todos los puntos del universo son un punto cualquiera. Se deduce que no hay gradientes ni de temperatura, ni de presión, ni de ninguna magnitud termodinámica.

En el fluido del universo no hay viscosidad, puesto que la viscosidad es rozamiento de unas capas con otras

---

145. Véase, por ejemplo, E. Battaner "Historia de la física del universo", 2021, Guadalmazán.

debido a gradientes de velocidad. Pero en una expansión pura no hay rozamientos de unas capas con otras. Tampoco hay conducción calorífica, pues esta se origina por un gradiente de temperatura y en el universo no hay gradientes.

Al no existir las causas de irreversibilidad, la entropía no puede aumentar. Es decir, la expansión del universo es isoentrópica. Se dice que el universo, a la mayor escala, es un fluido perfecto. Y, ¿cómo es esto compatible con la afirmación del segundo principio de termodinámica que dice que la entropía del universo siempre crece? Lo que ocurre es que, además de la expansión pura a la mayor escala posible del universo, hay otros fenómenos a escalas más pequeñas, como son la luminosidad de las estrellas, la colisión de agujeros negros, la fusión de galaxias, etc., en los que la entropía crece dramáticamente y sin cesar. Se dice que el universo, a menores escalas, es un fluido imperfecto.

Similitud entre el universo actual y el de la tradición grecolatina

Cuando se leen textos de autores antiguos o medievales como los seleccionados más arriba, resulta en ocasiones sobrecogedor el aparente paralelismo entre su cosmovisión y la nuestra.

Desde la autocomplacencia de la ciencia actual estamos hoy predispuestos a considerar que dichas similitudes son fruto de la casualidad o de felices intuiciones. Pero no es así: los filósofos griegos se nos muestran ejemplarmente racionales, sus afirmaciones estaban siempre fundamentadas.

Decía E. Schrödinger[146]:

"Pero hay un muro que separa los "dos senderos", el del corazón y el de la pura razón. Miramos atrás a lo largo del muro. ¿No es posible derribarlo? ¿Ha estado siempre ahí? Si nos adentramos en la historia siguiendo su trazado, por encima de montes y valles, contemplaremos una tierra muy lejana, unos 2000 años atrás, donde el muro se allana y desaparece y el sendero ya no se escinde, sino que es sólo uno".

Y citaba a T. Gomperz:

"Toda nuestra actual manera de pensar se basa en el pensamiento griego"

y a J. Burnet:

"La ciencia es una invención griega, y nunca existió excepto en los pueblos bajo influencia griega".

Así pues, no es ocioso buscar las raíces de nuestra cosmología entre los antiguos griegos y romanos.

Muchos de nuestros conceptos se basan en palabras acuñadas por ellos, lo cual demuestra ya lo que les debemos. Y no son sólo las palabras, también algunos conceptos arrancan de un tronco subyacente común.

Pensemos sin ir más lejos en "universo", palabra compuesta, como hemos visto, de "uni" y "verso". "Verso" procede del latín v*ertere,* incluso de una raíz indoeuropea, que implica "giro", que ha dejado vestigios en palabras, como "vértigo" o "vórtice". Universo es "lo que gira como un todo". Algo a lo que apunta también san Isidoro al hablar

---

146. *Nature and the Greeks*, Cambridge Univ. Press, 1996.

del "giro del cielo". Se referían probablemente a la octava esfera, a la esfera donde están incrustadas ("impresas", decía él) esas luminarias que son las estrellas, todavía no identificadas como astros semejantes a nuestro Sol.

Esto recuerda inmediatamente al "geocentrismo", un geocentrismo que es intuitivo, pues no parece que los accidentes terrestres se muevan. Quizá el geocentrismo es una hipótesis natural, si bien equivocada, probablemente arraigada ya en la prehistoria, pero bien asentada entre los griegos y firmemente transmitida por Ptolomeo y Aristóteles.

Es cierto que hoy el geocentrismo está desechado. También el heliocentrismo. La idea correcta sería "acentrismo": el universo no tiene centro, como defendió Giordano Bruno. La idea de que la Tierra se mueve no era extraña. No sólo fue propuesta por Pitágoras (la primera cosmología científica de la historia) y justificada por Aristarco de Samos, Heraclides Póntico, Marciano Capela y muchos otros, aunque era una hipótesis exótica hasta la contundente reafirmación copernicana. Es, por tanto, larga la historia en que la misma palabra "universo" nos introduce aquí.

"Cosmos" es hoy sinónimo de "universo". En cambio, el equivalente latino del griego "cosmos", *mundus,* "mundo", ya no se usa como equivalente de "universo". Es sorprendente que "mundo" tiene también la acepción de "limpio" y "puro", relacionado con nuestros "mondo y lirondo", "mondar", "inmundicia", y que antaño cohabitó con la "toilette" de las mujeres, con los "cosméticos". Puede relacionarse "cosmos" con "orden" y admitir que representa el orden del universo. El universo era entonces poco más que el Sistema Solar, poco más que los planetas (incluidos el Sol y la Luna), por lo que ese "orden" se podría interpretar como la regularidad del movimiento de los planetas (aunque, como su mismo nombre indica, eran considerados "errantes"[147]). Si así fuera, "cosmos" y "universo" serían términos complementarios: el orden del Sistema Solar teniendo como fondo y referencia la "octava esfera" de las estrellas fijas que giran como un todo y el orden del Sistema Planetario. Piénsese que las estrellas no eran consideradas propiamente "astros", *sidera,* como soles, sino como luminarias "impresas" en una esfera según la expresión de san Isidoro de Sevilla. O, en la bella formulación de Lucrecio, "el éter claveteado de estrellas centelleantes".

Más en relación con la ciencia actual está el hecho de que el antónimo de "cosmos" era "caos". Hoy toda una rama de la física está dedicada al caos, precisamente identificable con una situación de gran entropía.

Tampoco se usa ya "orbe" para referirse al universo, aunque la palabra ha dejado otra tan frecuente en astronomía como "órbita". *Caelum* era, para Cicerón, la esfera azul que rodea la Tierra; de ahí nuestros "cerúleo" o "celeste (azul)". Lo que es "azul" es la atmósfera, perteneciente al mundo sublunar en el sentido aristotélico. "Cielo" es hoy una palabra más propia de la religión o de la expresión literaria; raras veces se la encuentra en los libros de cosmología.

Cuando Lucrecio habla del "cuerpo macizo", de las "cosas" existentes en el vacío, "inane", nos recuerda nuestra convicción de que las partículas elementales que pueblan el cosmos, están inmersas en lo "inane". O, en palabras de san Isidoro, los átomos "revolotean" en el "vacío", en lo "inane". Así lo hacen los "átomos" (a-tomos, por definición, indivisibles) y otras partículas elementales, aunque el

147. Cf., por ejemplo, Le Boeuffle 1987, *s.v.* "planetes".

avance de la física nos ha hecho ver que algunas partículas que creíamos indivisibles, no lo son. Por ejemplo, los protones están constituidos por quarks. Pero lo que llama la atención es el medio, lo "inane", que adquiere un sentido aproximado de constituyente esencial, palpable. Lo reafirma Plinio el Viejo, cuando dice que el "aire" es semejante a lo "inane". Hoy, el "vacío" está lleno de cosas, de partículas virtuales; sobre todo, es un vacío que tiene energía, en cantidad de importancia creciente en la historia del universo, hasta el punto de que el futuro de éste quedará dominado por el vacío. Es la fuerza de lo "inane".

Interesante es la contraposición entre "orbe" y "esfera". El "orbe" está lleno y la "esfera" vacía. La Tierra está llena, luego es orbe. La esfera del firmamento está vacía. Esto nos recuerda una fecunda disputa entre Descartes y Newton. Descartes pretendía que los planetas se movían por efecto de unos torbellinos invisibles que "llenaban" el espacio interplanetario. Newton negaba la existencia de tales torbellinos y la materia que los constituían e imaginó la fuerza a distancia. El universo de Descartes estaba lleno; el de Newton, vacío. Como consecuencia, Descartes predecía una Tierra apepinada, alargada por los polos, mientras que Newton proponía una Tierra achatada por los polos, e incluso calculaba la elipticidad. La observación de los hechos dio la razón al inglés.

San Agustín, con su profundidad de pensamiento, proporciona una hermosa introducción a la teoría de la relatividad y a la concepción actual del universo. No hay espacio ni tiempo fuera del universo. Como veíamos en el pasaje aducido, él nos conducía a lo que hoy es el espaciotiempo. "No hay lugar alguno fuera del Mundo", "ningún tiempo hay antes del mundo", "el tiempo no existe sin alguna mutabilidad móvil", "Dios es el creador del tiempo": como lo es de todas las cosas, también lo es del tiempo. Y, sobre todo, esa frase absolutamente magistral: "El mundo no fue hecho en el tiempo sino con el tiempo", base también de la cosmovisión y creencias religiosas del gran cosmólogo Georges Lemaître. En efecto, la relatividad enseña que el espacio y el tiempo, el espaciotiempo, tienen unas propiedades que dependen de la distribución de materia y energía y que, por tanto, no tienen una existencia anterior a ellas. El Big-Bang es el tiempo cero, pero no hay tiempos negativos.

En términos parecidos se expresaba Abentofáil, Ibn Tufail, probablemente nacido en Guadix, en *El filósofo autodidacta*: "El concepto de la nueva producción del mundo, después de su no existencia, no es comprensible sino en el supuesto de que el tiempo la precediera, mas el tiempo es una de las cosas del mundo e inseparable de él; luego no se comprende que el mundo fuese posterior al tiempo".

Cuando san Agustín, recordando a Epicuro, hablaba de los "innumerables mundos que pueden disolverse por alguna causa", anunciaba las elucubraciones actuales sobre el "multiverso": se pueden estar produciendo múltiples universos, todos ellos comenzando con un Big-Bang, todos expandiéndose y todos terminando por "disolverse" como resultado de la expansión acelerada.

San Isidoro recoge el concepto de "hile" (*hŷlē, -ēs*; ὕλη), materia prima susceptible de todas las formas a partir de la cual se "formaron" los elementos visibles[148]. Sin duda

---

148. Recuérdese el hilemorfismo (del gr. ὕλη *hŷlē* 'materia' y μορφή *morphế* 'forma'), la teoría aristotélica, "seguida por la mayoría de los escolásticos, según la cual, todo cuerpo se halla constituido por dos principios esenciales, que son la materia y la forma" (*DLE*).

es lo que George Gamow, físico ucraniano que emigró a los Estados Unidos, otro de los padres de la cosmología actual, llamaba "ylem"[149], también la materia prima de la que se habían formado los átomos. Entonces sólo se conocían tres partículas elementales, el protón, el neutrón y el electrón. Se sabía que el neutrón libre se desintegraba proporcionando un protón y un electrón (desintegración beta), por lo que los neutrones podían constituir el "ylem". Con protones, electrones y neutrones se podían formar los diversos átomos, como él quiso deducir en una teoría de la nucleosíntesis primordial, lo que, con su equipo, le llevó a predecir la Radiación Cósmica de Microondas. Georges Lemaître consideraba que el átomo primitivo del Big-Bang era un isótopo del neutrón, que contenía toda la masa del universo. Hoy la "hile", el "Ylem" ya no serían los neutrones, sino, más bien, el bosón de Higgs o el inflatón.

El Big-Bang nos lleva a la "génesis" del universo y, por tanto, a la "naturaleza", al "nacimiento" (recuérdense las numerosas formaciones sobre la raíz *gen- / gn-*) Podría decirse que el universo "nació", como lo aseguraba Alexander Friedman, el otro gran relativista, padre de la idea (que no de la palabra) del Big-Bang, al que llamaba *Erschafung,* "creación" en alemán.

Resultan entrañables las propuestas etimológicas[150] de san Isidoro cuando explica que "cosmos" significa "ornamento", aludiendo a la hermosura del mundo. Y cuando muestra la relación entre el "cincelado" del "cielo" como

---

149. Sin duda recordando el aristotélico ὕλη [*hýlē*, 'materia'], al que acabamos de referirnos.

150. En general, sobre las explicaciones etimológicas de los antiguos, recuérdese el ya mencionado Maltby 1991.

un *caelatum vas*, un vaso cincelado con las estrellas fijas, y que oculta (*celare*) "lo de más arriba". Bellas explicaciones de la palabra "cielo", *caelum*, aunque esta palabra no figura ya en los libros de astrofísica, salvo en otros contextos. Por ejemplo, se habla del "fondo de cielo" para referirse a la luminosidad del fondo que rodea a un objeto estudiado.

Sonreímos maliciosamente cuando Aristóteles quería prescindir de la experimentación en su física, porque –decía– el experimento era una perturbación humana de la realidad que alteraba la naturaleza del fenómeno estudiado. Hoy nos parece absurdo hacer física sin experimentos. Sin embargo, no está de más recordar que la base fundamental de la teoría de la relatividad es que la expresión válida, correcta y general de una fórmula física es la que es independiente del observador. El observador, que puede ser ficticio, imaginario, no puede influir en la expresión correcta de una fórmula relativista. Los movimientos del observador, que pueden ser tan variados como nos imaginemos, conducen al empleo del álgebra tensorial en un espacio-tiempo curvo. En el mundo griego, la geometría y la astronomía podían desarrollarse sin experimentación, de ahí el éxito que tuvieron entonces estas disciplinas. Y es en el universo donde la relatividad ha encontrado mayor apoyo observacional, es la teoría básica para entender el universo, excepto en sus primeros instantes.

Otra palabra que hemos tenido en cuenta ha sido "éter". Cuando en el siglo XIX, James Clerk Maxwell, dedujo teóricamente la existencia de ondas electromagnéticas, de las cuales la luz visible es un caso particular, y cuando Heinrich R. Hertz comprobó experimentalmente su existencia, concibieron un "éter" que llenaba todo el universo y que era el medio que sustentaba estas ondas. Aprovecharon, pues, un vocablo clásico. Todas las ondas conocidas requerían un medio en el que propagarse y el éter tenía que ser ese medio no detectable que, con su alteración ondulatoria, servía de propagación a las ondas electromagnéticas. Las características que necesariamente debía tener este "éter" lo hacían identificable con el espacio absoluto de Newton. Se propusieron experimentos para su detección, lo que pudiera haber permitido conocer el movimiento absoluto de la Tierra. Pero los experimentos tuvieron todos resultados negativos. Ello dio origen a la teoría de la relatividad. El éter, al no ser detectable, era concepto innecesario y, en consecuencia, sin realidad en la física. No hay éter.

Desde Platón se habló en astronomía de "esferas" cristalinas perfectas y de círculos perfectos. La autocomplacencia actual nos devuelve la sonrisa maliciosa. Para el mundo grecolatino, la esfera era la figura geométrica perfecta; y esa perfección estaba asociada a su alto grado de simetría. ¿Por qué debían seguir los planetas las figuras de mayor simetría? Hoy sabemos que no es así. Fue Kepler quien dijo que las órbitas de los planetas no eran circunferencias, sino elipses. Aunque, en realidad, ya Azarquiel y los astrónomos de Alfonso X el Sabio habían encontrado que la órbita de Mercurio era oval, precisando incluso que era una elipse; todavía el sistema del mundo de Copérnico seguía admitiendo esferas cristalinas perfectas para sus planetas. La esfera, figura perfecta para un universo ideal. Sin embargo, el principio cosmológico ya mencionado no es más que la suposición de que existe una simetría del espacio, en el sentido de que un experimento da el mismo resultado independientemente del lugar del universo donde se realiza. La simetría del universo está en las raíces de nuestra concepción, como hace veintitantos siglos.

Como dijimos, las antiguas vías para conocer el universo eran la geometría y la música. Hoy, la gravedad es la fuerza principal que mueve el universo y la gravedad no es otra cosa que geometría. Y las oscilaciones a pequeña escala del fondo de microondas son música. Acabamos re-encontrándonos con nuestros colegas de antaño.

Podríamos poner más ejemplos para imaginar un fructífero diálogo entre un hipotético filósofo griego y un cosmólogo actual. Sin duda, emplearían muchas palabras comunes; eso facilitaría el entendimiento. Hemos heredado, en efecto, sus palabras y con ellas, sin darnos cuenta, hemos asimilado su forma de pensar. Sus ideas y sus palabras fueron la simiente de la que ha florecido la actual concepción del universo.

Rudolph Clausius

Georges Lemaître

Obras citadas

Alvar, M., Pottier, B., 1983: *Morfología histórica del español*, Madrid.

Bailly, A., 1950: *Dictionnaire grec - français*, Paris.

Battaner, E. 2021: *Historia de la física del universo. Cómo la astronomía se hizo física*, Guadalmazán. Córdoba.

Battaner, E., 2024: *Vida. Nuevas ideas desde el punto de vista físico*, Editorial de la Universidad de Granada.

Bergson, H., 1907: *Creative evolution*. Ver Book Jungle, 2009.

Blaise, A., 1954: *Dictionnaire latin-français des auteurs chrétiens*, Strasbourg.

Beekes, R., 2010: *Etymological Dictionary of Greek Online*, (Edited by Robert Beekes with the assistance of Lucien van Beek).

<https://dictionaries.brillonline.com/search#dictionary =greek&id=gr6823> First published online: October 2010.

Burnet, J. 1930: *Early Greek Philosophy*. A. and C. Black. London.

Le Boeuffle, A., 1977: *Les noms latins d'astres et de constellations*, Paris.

Le Boeuffle, A., 1987: *Astronomie, Astrologie. Lexique latin*, Paris.

Boltzmann, L., 1896: *Vorlesungen über Gastheorie*. Johnn Ambrosius Barth, Leipzig.

Bouché-Leclercq, A., 1899: *L'Astrologie Grecque*, Paris.

CARNOT, S., 1824: *Réflections sur la puissance mortice du feu et sur les machines propres à developer cette puissance.* Bachelier. París.

CLAUSIUS, R., 1865: "*Über verschiedene für die Anwendung bequeme Formen der Hauptgleichungen der mechanischen Wärmetheorie*", Annalen der Physik und Chemie 125 (1865) / 7, 353-400.

COOPER, F. T., 1895: *Word Formation in the Roman Sermo Plebeius*, New York.

COROMINAS, J.- PASCUAL, J. A., 1980: *Diccionario crítico etimológico castellano e hispánico*, Madrid.

CHAMBADAL, P. 1963: *Évolution et applications du concept d'entropie,* Dunod. París.

DGE = Diccionario Griego-Español, CSIC, bajo la dirección de Francisco R. Adrados y Juan Rodríguez Somolinos, Madrid.

EDDINGTON, A. S., 1927: *The nature of the physical Word.* The Giggord Lectures. Cambridge Univ. Press.

EINSTEIN, A., 1905: *Zur elektrodynamik Bewebter Körper*, Annalen der Physik, 322, 891.

ERNOUT, A.-MEILLET., A. 1959: *Dictionnaire étimologique de la langue latine*, 4ª ed., París (= 1967).

FRISK, H., 1960-73: *Griechisches etymologisches Wörterbuch*, Heidelberg.

GOMPERZ, T. 1911: *Griechischer Denker.* Veit und Comp., Leipzig.

LEMAÎTRE, G., 1927: "*Un univers homogène de masse constant et de rayon croissant compte de la Vitesse radiale des nébuleuses extragalactiques*", Annales de la Societé Scientifique de Bruxelles. 47A, 41.

LIV = H. Rix- M. J. Kümmel (eds.), 2001: *Lexikon der indogermanischen Verben. Die Wurzeln und ihre Primärstammbildungen*, Wiesbaden (2ª).

LSJ = Liddell-Scott-Jones (Liddell, H. G.-Schott, R.: *A Greek-English Lexicon*), en su novena edición (Oxford 1925-1940).

LUBOTSKY, A., 2014: *Etymological Dictionary of Greek.* Indo-European Etymological Dictionaries Online. Edited by Alexander Brill, 2014. Brill Online. March 6, 2014. < http://iedo.brillonline.nl/dictionaries/lemma.html?id=3912 >, s. vv.

LUQUE MORENO, J., 2023: *La música del mundo. Memoria de una idea milenaria*, Editorial de la Universidad de Granada.

LUQUE MORENO, J., 2025: "Horacio: *per purum (carm.* I 34,7)", en prensa.

MACHADO, A., 1936: *Juan de Mairena*, Espasa Calpe. Madrid.

MALTBY, R., 1991: *A Lexicon of Ancient Latin Etymologies*, Leeds.

MEISER, G., 1998: *Historische Laut-und Formenlehre der lateinischen Sprache*, Darmstadt.

MEYER-LÜBKE, W., 1935: *Romanisches etymologisches Wörterbuch*, Heidelberg (3ª).

MOLINER, M., 1966-67: *Diccionario de uso del español*, Madrid (4ª ed. 2016).

PABÓN, J. M., 1967: *Diccionario Manual Griego (clásico)-Español*, Madrid.

PLANCK, M., 1914: *The theory of heat radiation,* Dover. New York.

POKORNY, J., 1949-59: *Indogermanisches Etymologisches Wörterbuch*, Bern-München.

SÁNCHEZ, F. y BATTANER, E., 2022: "An astrophysical perspective of life. The growth of complexity", *Rev. Mex. Astronomy and Astrophysics*, 58, 375-385.

SCHRÖDINGER, E., 1944: *What is life? The physical aspect of the living cell,* Cambridge Univ. Press.

SCHRÖDINGER, E., 1997: *Nature and the Greeks. Cambridge Univ. Press.* Traducción: *La naturaleza y los griegos,* Tusquets. Barcelona.

TLG = *Thesaurus linguae Graecae*, University of California, Irvine. On line.

TLL = *Thesaurus linguae Latinae*, Bayerischen Akademie der Wissenschaften. On line.

ULISES MOULINES, C., 1993: *Conceptos teóricos y teorías científicas*, Madrid.

DE VAAN, M., 2008: *Etymological Dictionary of Latin*, edited by: (Ph.D. 2002). Consulted online on 25/02/2020 <https://dictionaries.brillonline.com/search#dictionary=latin&id=la0688> First published online: October 2010.

WALDE, A.-HOFMANN, J. B., 1938: *Lateinisches etymologisches Wörterbuch*, Heidelberg.

ZCUBER, E., 1903, *Wharscheinlichkeitsrechnung,* citado por K. Grelling y A. Herzberg, 1930, in *Diskussion über Wahrscheinlichekeit,* Erkenntnis 1, 266.

AGRADECIMIENTOS

Agradecemos los consejos y correcciones de Víctor Costa Boronat, Estrella Florido Navío, José Alberto Rubiño Martín, Antonio López Eisman, Francisco Fuentes Moreno y Jesús Luque del Castillo, que tuvieron a bien revisar el original, así como la buena acogida de nuestro trabajo por parte de la Editorial de la Universidad de Granada: gracias a su directora, Maribel Cabrera, que alentó este singular librito desde sus primeros pasos, y a todo el equipo editorial.